环境保护
与环境设计研究

刘绍松 耿佃梅 李娟娟 ◎著

中国出版集团

中译出版社

图书在版编目（CIP）数据

环境保护与环境设计研究 / 刘绍松，耿佃梅，李娟
娟著. -- 北京：中译出版社，2023. 12
ISBN 978-7-5001-7668-8

Ⅰ.①环… Ⅱ.①刘… ②耿… ③李… Ⅲ.①环境保
护—研究②环境设计—研究 Ⅳ.①X②TU-856

中国国家版本馆CIP数据核字（2024）第009238号

环境保护与环境设计研究

HUANJING BAOHU YU HUANJING SHEJI YANJIU

著　　者：刘绍松　耿佃梅　李娟娟
策划编辑：于　宇
责任编辑：于　宇
文字编辑：田玉肖
营销编辑：马　萱　钟筏童
出版发行：中译出版社
地　　址：北京市西城区新街口外大街 28 号 102 号楼 4 层
电　　话：（010）68002494（编辑部）
邮　　编：100088
电子邮箱：book@ctph.com.cn
网　　址：http://www.ctph.com.cn

印　　刷：北京四海锦诚印刷技术有限公司
经　　销：新华书店
规　　格：787 mm×1092 mm　1/16
印　　张：11.75
字　　数：323 千字
版　　次：2025 年 1 月第 1 版
印　　次：2025 年 1 月第 1 次印刷

ISBN 978-7-5001-7668-8　　　定价：68.00 元

# 前　　言

工农业发展、交通运输崛起、城市化进程加快，一方面给人们的工作、生活带来便利，但另一方面也在损害着人类自身的生存环境。由于一些人的不合理生产和消费，滥用自然资源以满足欲望，急功近利地追求发展速度而忽视对环境的长远影响，结果造成了资源短缺、环境退化、自然界的生态平衡被破坏，大气、水、土壤等的污染达到了惊人的程度。虽然我国已经践行"绿水青山就是金山银山"理念，但环境污染问题依然是人类面临的最大威胁之一。因此，在发展经济的同时保护环境，即走可持续发展之路，是人类的最佳选择。而保护环境不是哪一个人、哪一代人所能完成的，它需要世世代代的共同努力。环境设计是艺术性的独立社会学科，与人们的生活息息相关。当下，科学发展和可持续发展的理念不断深入人心，环境设计在环保理念的指导下，结合社会发展的特点和人们的心理需求特点，不断调节设计原则、改善设计手法，以协调人与自然的关系为主要目的，具有较强的人文意义和实践意义。

本书是关于环境保护与环境设计方面的书籍，旨在为相关工作者提供有益的参考和启示，适合对此感兴趣的读者阅读。本书详细介绍了环境保护与管理概述，让读者对环境保护理念有初步的认知；深入分析了环境污染及其防治技术、环境保护与可持续发展等内容，让读者对环境保护内容有更深入的了解；着重强调了环境艺术设计方法与应用，以理论与实践相结合的方式呈现。保护环境是实现可持续发展的前提，也只有实现了可持续发展，生态环境才能真正得到有效的保护，希望本书能够为从事相关行业的读者们提供有益的参考和借鉴。

在本书的写作过程中参考了大量相关资料，在此对这些资料的作者表示感谢。由于时间紧迫和编者水平有限，书中的不当之处在所难免，敬请读者批评指正。

目　　录

第一章　　环境保护与管理概述

第一节　环境保护基本知识

一、生态与生态文明

（一）生态

"生态"一词源于生态学。生态学被定义为研究有机体与其周围环境相互关系的科学。

人类面临着环境、人口、资源等关系到自身生存的许多重大问题，而这些问题的解决往往依赖于生态学原理，因此，生态学一跃成为世人瞩目的科学。虽然"生态"已成为一个流行词，但很多人并不完全理解它的含义，以为天蓝、地绿、水清就是生态了，其实它的内涵要广得多。

首先，生态是一种关系，是指包括人在内的生物与周围环境间的一种相互作用关系。

其次，生态是一门学问：一为哲学，是人们认识自然、改造自然的世界观和方法论；二为科学，是研究包括人在内的生物与环境之间相互关系的系统科学；三为工程学，是模拟自然、生态结构、功能、机理来建设人类社会和改造自然的工程学或工艺学；四为美学，是人类品味自然、享受自然的审美观。

最后，生态是"生态关系和谐""生态良性循环"或"生态化"的简称，如生态城市、生态旅游、生态文化等。根据词义学上的约定俗成和从众原则，这类含义已逐渐被国际社会所公认。所谓生态化，其内涵是将生态学原则渗透到人类的全部活动范围中，用人和自然协调发展的观点去思考和认识问题，并根据社会和自然的具体可能性，最优地处理人和自然的关系。

（二）生态文明

生态文明是人类在利用自然界的同时又主动保护自然界、积极改善和优化人与自然关系而取得的物质成果、精神成果和制度成果的总和。传统工业文明导致了人与自然的对立,严重威胁了人类自身的生存和发展。生态文明坚持可持续发展的理念和要求,从文明的高度来统筹环境保护与经济发展之间的关系,通过生态文明建设在更高层次上实现人与自然、环境与经济、人与社会的协调发展。生态文明建设已经成为中国特色社会主义事业总体布局的重要组成部分,其内容涵盖了先进的生态伦理观念、发达的生态经济、完善的生态制度、可靠的生态安全、良好的生态环境等。

作为人类文明的一种高级形态,生态文明以把握自然规律、尊重和维护自然为前提,以人与自然、人与人、人与社会和谐共生为宗旨,以资源环境承载力为基础,以建立可持续的产业结构、生产方式、消费模式及增强可持续发展能力为着眼点。生态文明具有以下四个鲜明的特征。

一是在价值观念上,生态文明强调给自然以平等态度和人文关怀。人与自然作为地球的共同成员,既相互独立又相互依存。人类在尊重自然规律的前提下,应做到利用、保护和发展自然,给自然以人文关怀。近年来,生态文化、生态意识成为大众文化意识,生态道德成为社会公德并具有广泛影响力。生态文明的价值观从传统的"向自然宣战""征服自然",转为"人与自然协调发展";从传统经济发展动力——利润最大化,向生态经济全新要求——福利最大化转变。

二是在实践途径上,生态文明体现为自觉自律的生产生活方式。生态文明追求经济与生态之间的良性互动,应坚持经济运行生态化,改变高投入、高污染的生产方式,以生态技术为基础实现社会物质生产系统的良性循环,使绿色产业和环境友好型产业在产业结构中居于主导地位,成为经济增长的重要源泉。生态文明倡导人类克制对物质财富的过度追求和享受,提倡选择既满足自身需要又不损害自然环境的生活方式。

三是在社会关系上,生态文明推动社会走向和谐。人与自然和谐的前提是人与人、人与社会的和谐。一般来说,人与社会和谐有助于实现人与自然的和谐;反之,人与自然关系紧张也会给社会带来消极影响。随着环境污染侵害事件和投诉事件数量的逐年上升,人与自然之间的关系问题已成为影响社会和谐的一个重要制约因素。建设生态文明,有利于将生态理念渗入经济社会发展和管理的各个方面,以实现代际、群体之间的环境公平与正义,推动人与自然、人与社会的和谐。

四是在时间跨度上,生态文明是长期艰巨的建设过程。我国正处于工业化中期阶段,传统工业文明的弊端日益显现。在我国快速发展的过程中集中出现,发达国家上百年出现的污染问题在我国呈现出压缩型、结构型、复合型的特点。因此,生态文明建设面临着双重任务和巨大压力,既要"补上工业文明的课",又要"走好生态文明的路"。这决定了建设生态文明需要我们长期坚持不懈地努力。

（三）　生态文明提出的现实意义

中国共产党第二十次全国代表大会是在全党全国各族人民迈上全面建设社会主义现代化国家新征程、向第二个百年奋斗目标进军的关键时刻召开的一次十分重要的大会。党的二十大报告再次指明了生态文明建设的重要意义。大自然是人类赖以生存发展的基本条件。尊重自然、顺应自然、保护自然，是全面建设社会主义现代化国家的内在要求。

生态文明建设是中国共产党为人民谋幸福、为民族谋复兴、为世界谋大同的新方向与新作为。

中国式现代化是体现"绿色""可持续发展"的现代化，是将生态文明建设融入到全局发展中的现代化。党的二十大对中国实现碳达峰碳中和目标作出了既具有全局性，又具有针对性的规划与部署，"推进美丽中国建设，坚持山水林田湖草沙一体化保护和系统治理，统筹产业结构调整、污染治理、生态保护、应对气候变化，协同推进降碳、减污、扩绿、增长，推进生态优先、节约集约、绿色低碳发展"。

二、环境与生态环境

（一）　环境

所谓环境，是指某一特定生物体或生物群体以外的空间，以及直接或间接影响该生物体或生物群体生存的一切事物的综合。环境总是相对于某一中心事物而言，并作为某一中心事物的对立面而存在；它因中心事物的不同而不同，随中心事物的变化而变化。与某一中心事物有关的周围事物，就是这个中心事物的环境。

对于环境科学来说，中心事物是人。"环境"就是指以人类社会为主体的外部世界的总体。也可以说，环境就是人类生存的环境，是环绕于人类周围的客观事物的整体，它包括自然环境，也包括社会环境，或者指围绕着人群空间，以及其中可以直接、间接影响人类生活和发展的各种自然因素和社会因素的总和。

（二）　生态环境

"生态环境"一词最初的来源应该是生态学，其中心事物是生物。

生态环境是指环境要素中对生物起作用的因子的总体。例如光照、温度、湿度、水分、氧气、二氧化碳、食物和其他生物等，这些因子是生物生存所不可缺少的环境条件。环境要素中对生物起作用的各种因子并不是孤立存在，而是相互作用的，生态环境是由生物群落及非生物自然因素组成的各种生态系统所构成的整体。

生态环境与环境是两个在含义上十分相近的概念，有时人们将其混用，但严格说来，生态环境并不等同于环境。环境的外延比较广，各种外部因素的总体都可以说是环境，但只有具有一定生态关系构成的系统整体才能称为生态环境。仅有非生物因素组成的整体，虽然可以称为环境，但并不能称为生态环境。从这个意义上说，生态环境仅是环境的一种，二者具有包含关系。

三、生态系统与生态保护

（一）生态系统的基本概念

生态系统是指在一定空间内生物成分和非生物成分通过物质的循环与能量的流动互相作用、互相依存而构成的一个生态学功能单位。任何一个生态系统的结构特征都是由生物系统和环境系统共同组成的，它所具有的物质循环、能量流动和信息联系，是生态系统整体的基本功能。

在自然界，只要在一定空间内存在生物和非生物两种成分，并能互相作用达到某种功能上的稳定性，哪怕是短暂的，这个整体就可以视为一个生态系统。因此，在我们居住的这个地球上有许多大大小小的生态系统，大至生物圈、海洋、陆地，小至森林、草原、湖泊和小池塘。除了自然生态系统以外，还有很多人工生态系统，如农田、果园、城市、自给自足的宇宙飞船和用于验证生态学原理的各种封闭微宇宙（亦称微生态系统）。由此可见，生态系统空间范围的大小是模糊的，往往是根据人们研究需要而确定的。

生态系统是一个控制论系统，通过反馈调节来维持系统的稳定状态。生态系统概念的提出为生态学的研究、发展奠定了新的基础，极大地推动了生态学的发展。当前，人口增长、自然资源的合理开发和利用，以及维护地球的生态环境已成为生态学研究的重大课题。所有这些问题的解决都依赖于对生态系统的结构和功能、生态系统的演替、生态系统的多样性和稳定性，以及生态系统受干扰后的恢复能力和自我调控能力等问题进行深入的研究。目前在生态学中，生态系统是最受人们重视和最活跃的一个研究领域。

（二）生态系统的基本特征

生态系统一般具有以下共性特征。

（1）生态系统是生态学上的一个主要结构和功能单位。一个物种在一定空间范围内的所有个体的总和在生态学里统称为"种群"，所有不同种的生物总和为群落，生物群落连同其所在的物理环境共同构成生态系统。

（2）生态系统内部具有自我调节功能。生态系统的结构越复杂、物种数目越多、自我调节的功能也越强。但任何生态系统都具有有限的自我调节能力，超过生态系统的自我调节能力后，生态系统将发生质的变化，直至系统崩溃。

（3）能量流、物质流和信息流是生态系统的三大功能。其中，能量流是单向的，物质流是循环的，信息流则包含营养信息、化学信息、物理信息和行为信息等。生态系统中的物质循环和能量流动是分不开的，二者互相依存、紧密结合。当能量流过食物链从一个营养级向另一营养级传递时，营养物质也按同样的途径传递。

（4）生态系统是动态的，其早期形成和晚期发育具有不同的特性。

（5）生态系统具有等级结构，即较小的生态系统组成较大的生态系统，简单的生态系统组成复杂的生态系统，最大的生态系统是地球生物圈。

（三）生态系统的组成与结构

任何一个生态系统都是由生物成分和非生物成分两部分组成的。

生态系统中的非生物成分和生物成分是密切交织在一起、彼此相互作用的。虽然不同类型的生态系统生物种类差异很大，如水生生态系统中的生产者主要是藻类和其他维管束生物，消费者主要是鱼类和其他动物；而在陆地生态系统中的生产者主要是高大的乔木、灌木及草本、苔藓、地衣等，消费者主要是鸟、兽和昆虫等，但它们在功能运转方面是相似的。

（四）生态系统的服务功能

生态系统为人类提供了许多社会、经济及文化生活中必不可少的物质资源和良好的生存条件。由生态系统的物种、群体、群落、生态环境，以及自然生态系统生态运转过程所产生的物质及其所维持的良好生活环境对人类与环境的服务性能称为生态系统服务。

（五）生态系统的稳定性

1. 生态系统的稳定性基础

无论是自然还是人工的生态系统，都是一种动态的开放系统。生态系统在与环境因素之间进行物质和能量交换的过程中，会不断受到外界环境的干扰和负面影响。然而，一切生态系统对于环境干扰所带来的影响和破坏都有一种自我调节、自我修复和自我延续的能力，如森林的适当采伐、草原的合理放牧、海洋的适当捕捞等，都会通过生态系统的自我修复能力来保持木材、饲草和鱼虾产品产量相对稳定。我们把生态系统这种抵抗变化和保持平衡状态的倾向称为生态系统的稳定性或"稳态"。

2. 生态系统稳定性的调控机制

生态系统是一个具有稳态机制的自动控制系统，它的稳定性主要通过系统的反馈调控来实现。当生态系统中某一成分发生变化时，必然会引起其他成分出现一系列相应的变化，这些变化最终又反过来影响起初发生变化的那种成分。生态系统的这种作用过程被称为反馈，反馈分为负反馈和正反馈两种类型。负反馈和正反馈在生态系统稳态调控中具有十分重要的作用。

（1）负反馈是指使系统输出的变动在原变化方向上减速或逆转的反馈。生态系统的负反馈是比较常见的一种反馈，是指生态系统中某一成分变化所引起的其他一系列变化，反过来抑制或减弱最初引发变化的那种成分发生变化的作用过程。其作用结果是促使生态系统达到稳态和保持平衡。例如，因食草动物迁入、繁殖而数量增加，使得草原植物被过度啃食而减少；植物生产量的减少，反过来又会抑制食草动物种群和个体数量增加。

在自然生态系统中，长期的反馈联系促进了生物的协同进化，产生了诸如致病力-抗病性、大型凶猛的进攻型-小型灵活的防御型等相关性状。这些结构形式表现出来的长期反馈效应对自然生态系统形成一种受控的稳态有很大作用。另外，反馈作用还能使系统的抗干扰能力与应变能力大大增强。

（2）正反馈与负反馈相反，是指使系统输出的变动在原变动方向上被加速的反馈。生态系统的正反馈指的是生态系统中某一成分变化所引起的其他一系列变化，促进或加速最初引发其变化的那种成分进一步发生变化的作用过程。其作用结果常常使生态系统进一步远离平衡状态或稳态。例如，一个湖泊生态系统受到污染导致鱼类死亡、数量减少；鱼体死亡后又会进一步加重污染，并引起更多的鱼类死亡，使得湖泊污染越来越严重，鱼类死亡越来越加剧。正反馈对生态系统往往具有极大的破坏作用，而且常常是爆发性的，所经历的时间也很短。但从长远看，生态系统中的负反馈和自我调节总是起着主要作用。

在自然生态系统中，生物常利用正反馈机制来迅速接近"目标"，如生命延续、生态位占据等，而负反馈则被用来使生态系统在"目标"附近获得必要的稳定。

3. 生态系统稳定性的阈值

生态系统的稳定性是动态而不是静态的，这是由于生态系统中生物类群是不断变化的，系统内外界环境条件也在不断变化。因此，生态系统的稳定性有一定的作用范围。在一定范围内，生态系统可以承受一定程度的外界压力，它们通过自我调控机制，抵御和校正自然及人类引起的干扰，恢复其相对平衡并保持相对稳定性。若超出一定的范围，生态系统的自我调控机制就会失灵或消失，其稳定性就会受到影响，相对平衡就会遭到破坏，甚至使系统崩溃。生态系统忍受一定程度外界压力，维持其相对稳定性的这个限度就称为"生态阈值"。

生态阈值的大小决定于生态系统的成熟性。系统越成熟、结构越复杂，阈值越高；反之，系统发育越不成熟、结构越简单、功能效率越低，系统对外界压力的反应越敏感、抵御剧烈生态变化的能力越脆弱，阈值就越低。不同生态系统在其发展进化的不同阶段有多种不同的生态阈值，只有了解这些阈值，才能合理地调控、利用和保护生态系统。

（六）生态平衡

1. 生态平衡的含义

生态平衡是指在一定的时间和相对稳定的条件下，生态系统内各部分（生物、环境和人）的结构及功能均处于相互适应与协调的动态平衡。生态平衡是生态系统的一种良好状态。

生态平衡是相对的、整体的动态平衡，作为开放的系统，物质和能量的输入输出始终在正常进行之中。局部、小范围的破坏或扰动可通过系统调控机制进行调节和补偿，局部的变动或不平衡不影响整体的平衡，这和相对的动态平衡是一致的。

2. 生态平衡的三个基本要素

生态平衡的三个基本要素是系统结构的优化与稳定性、能量流和物质流收支平衡、自我修复和自我调节功能的保持。

衡量一个生态系统是否处于生态平衡状态，其具体标准为：①时空结构上的有序性。表现在空间有序性上是指结构有规则地排列组合，小至生物个体各个器官的排列井然有序，大至宏观生物圈内各级生态系统的排列，以及生态系统内各种成分的排列都是有序的；表现在时间有序性上就是生命过程和生态系统演替发展的阶段性、功能的延续性和节奏性。②能量流和物质流的收支平衡，指系统既不能入不敷出，造成系统亏空；也不应入多出少，导致污染和浪费。③系统自我修复和自我调节功能的保持，抗逆、抗干扰、缓冲能力强。

因此，生态平衡状态是生物与环境高度适应、环境质量良好，整个系统处于协调和统一的状态。

第二节 环境管理的理论与手段

一、环境管理的基本理论

（一）系统论

1. 系统论的基本观点

系统论是运用数学和逻辑方法研究一般系统运动规律的理论。其数学方法是系统论研究一般系统运动规律的定量化方法，是用来揭示系统内部子系统之间相互联系和制约关系的手段。逻辑方法则是系统论研究一般系统运动规律的定性思维方法，蕴含着思想方法论的成分。两者结合便形成了丰富而深刻的内容。系统论的基本观点可以概括为以下四方面。

（1）整体性观点

旨在揭示要素和整体之间的关系，告诉人们认识和处理问题时要坚持一切从实际出发，不仅要把研究对象作为系统整体来认识，还要将研究过程看作系统整体。

在环境管理中，不但要将环境问题视为社会发展的整体问题来研究，而且要将环境问题的解决过程视为一个系统整体。同时，在一定的人力、物力、财力和技术条件基本不变的情况下，从产业结构调整及合理工业布局入手，加强宏观调控，加快环境管理机构和体制的改革，从而实现环境管理的合理组织、协调和控制，实现环境管理的合理组织、协调和控制，从整体上促进区域可持续发展战略目标的实现。

（2）相关性观点

系统的相关性是指任意事物都处于联系之中，是关于系统各要素之间相互关联的特征，即系统中任何要素都存在运动变化并与其他要素有关联。因此，要处理一个系统要素，就必须考虑该要素的影响与作用。把可处理的客观事物与所要解决的问题作为更大的系统要素来研究，这就是系统论的相关性观点。

环境问题的产生与人类社会的发展息息相关，与人类的社会活动及经济活动息息相关。而环境问题的解决同样与人类的经济活动、社会进步密不可分。因此，环境管理就必须将环境问题与经济问题及社会发展问题联系起来，研究它们之间的相互关系、相互作用与影响，通过改变人类的生产方式和消费方式来调整生态、经济与社会三者之间的相关性，实现人类环境与社会经济的协调、稳定、可持续性发展。

（3）有序性观点

系统的有序性是指系统内部诸要素在一定空间和时间方面的排列顺序，以及运动转化中的有规则和规律的属性。这个理论实际上就是现代管理科学中所谓分级管理、指标或功能分解原则的基础。系统的有序性观点旨在揭示系统结构与功能的关系，通过对系统要素的有序组合实现系统总体功能的优化。

环境管理就是要求提高生态-经济-社会系统在时间、空间及功能等方面的有序性，力争在原有要素不变的情况下，通过提高结构的有序程度实现经济建设与环境保护的协调发展。

（4）动态性观点

动态性观点就是对系统开放特征的反映和总结。旨在揭示系统状态同时间的关系，告诉人们要历史、辩证、发展地考察和认识对象系统，处理好系统与环境的动态适应关系。

要解决当今的环境问题，就要从环境问题产生的历史背景和原因出发，整体、全面、动态地看待环境的状况；在正确分析历史背景和原因的基础上，运用发展的观点认识环境问题，并对其进行科学的预测，以研究和探讨环境问题的发展规律，只有这样才能正确地制定当今的环境战略与环境对策。

2. 系统论的发展趋势

就当前研究的情况而言，系统论已经显现出以下四方面值得注意的趋势和特点。

（1）系统论与控制论、信息论、运筹学、系统工程、电子计算机和现代通信技术等新兴学科有相互渗透、紧密结合的趋势。

（2）系统论、控制论、信息论正朝着"三归一"的方向发展，现已明确，系统论是其他两者的基础。

（3）耗散结构论、协同学、突变论、模糊系统理论等新的科学理论，从各方面丰富发展了系统论的内容，有必要概括出一门系统学作为系统科学的基础科学理论。

（4）系统科学的哲学和方法论问题日益引起人们的重视。

3. 环境管理的系统论原理

（1）环境管理的系统论含义

针对环境管理而言，主要就是从系统论视角的管理定义与方式内涵来指导环境管理。从系统论的视角出发，管理是指在一定的环境中，有关人员通过计划、组织、领导和控制等手段对组织所拥有的人、财、物、信息等资源进行配置和协调，以达到组织目标的过程和活动。这个定义说明系统论视角的管理有五个要素，即管理环境、管理目标、管理主体、管理客体和管理手段。

（2）环境系统工程

环境系统工程是对环境系统进行合理规划、设计和运行管理的思想、组织及技巧的总称，是系统工程的一个专业门类，也是系统工程方法在环境系统上的应用。环境系统工程一般是按照所研究系统性质不同而分类的。

（3）系统分析

系统分析是对一个系统内的基本问题用系统的观点与思维推理，在确定与不确定的条件下，探索可能采取的方案，通过分析对比，为达到预期目标选出最优方案的过程。一般是通过分析比较各种替代方案的费用、效益、功能和可靠性等各项技术经济指标，得出可供决策者决策所必需的信息和资料，以获得最优方案。

（4）科学的环境管理系统建设

系统论的基本思想方法实质上就是把研究对象当作一个系统，分析系统结构和功能，研究系统、要素、环境三者的相互关系和变动的规律性，进而找出优化系统。当前针对资源与环境问题以及可持续发展战略的提出与深化，从系统论角度来分析资源环境的科学管理体系的研究与应用也为环境管理提供了帮助。

（二）控制论

管理就是控制，开展有效的环境管理实质上就是对社会各个领域中人们各种行为进行有效的控制。因此，控制论与环境管理之间有着密切的联系和极为相似的特征，环境管理中处处体现了控制论的思想和方法。

如果说系统论是侧重于对系统结构和运行规律的研究，为人们认识和研究系统提供崭新的世界观和方法论，那么控制论则侧重于研究施控主体对受控系统的影响方式和规律性，追求对系统的适时调控及其方案的最优实施，从而为人们认识和改造系统，为现代管理特别是环境管理提供了又一崭新的方法论基础。

1. 研究内容

控制论最初是以系统中的信息传递、变换和控制为对象，研究技术装置的自动控制问题。控制论研究对象系统的状态变化与主体目的关系就成为控制论所要解决的核心问题。后来，控制论扩展到对生物体和人类组织等复杂系统的行为与结构的研究。控制论研究的对象系统都是开放、有目的的动态系统，这些系统包括非生命系统的自动化装置、生命系统、生物系统、生态系统、经济系统、社会系统、生态-经济系统、生态-经济-社会系统等。

2. 控制与控制论系统

什么是控制，是控制论中首先要回答的问题。所谓控制，就是控制者对被控制者或者是施控主体对受控客体所施加的一种能动作用。控制的实质是保持或改变受控对象的某种状态，使其达到施控主体的预期目的。例如，环境管理就是管理者对被管理者施加的一种能动作用，使被管理者按照管理者的要求来调整自己的生产、消费和社会行为，以符合环境准则。凡是控制，总有控制者和被控制者。这表明：首先，控制系统由两部分组成，即施控主体和受控对象。施控主体可以是人，也可以是机械装置；受控对象可以是人，也可以是受控装置。其次，控制是主体对客体的影响或作用，并通过一定的行为表现为一种能动的活动或过程。最后，控制的目的在于通过控制主体对受控对象进行的某种有序作用或影响，并在不断地反馈调节中将受控对象导向预定目标，即通过保持或改变受控对象的行为或特定状态而实现控制目的。

控制目的是在对受控对象有效调节中实现的。因此，实现系统的控制目的离不开反馈。准确地说，只有负反馈才使得一个控制过程得以趋向目标值。这就是说，一切有目的的行为都可以表现为需要负反馈的行为，技术系统与生物系统一般都是通过负反馈来达到控制目的。

二、环境管理的技术手段

(一) 环境监测

"环境监测"最初是由监测核设施产生的放射性物质对人及周围环境的影响而产生的。随着环境污染问题日益突出，监测的内涵也逐步扩大，即由工业污染源监测逐步走向大环境监测。也就是说，仅对单个污染物短时间取样分析即污染源监测无法判断环境好坏，因此需要进行环境监测，即得到各种污染因素在一定范围内的时空分布数据，才能对环境质量做出确切的评价。这项任务单靠某一种手段（如化学分析）是难以完成的，必须和先进的物理或物理化学等测试手段相结合才能完成。所以，环境监测就是用包括计量和测试等科学的方法、手段监视和检测代表环境质量及发展变化趋势的各种数据的全过程。上述环境监测的含义主要是从技术角度来讲的；结合法规的角度，环境监测的定义应表述为环境监测机构按照规定的程序和有关法规的要求，对代表环境质量及发展趋势的各种环境要素进行技术性监视、测试和解释，对环境行为符合法规的情况进行执法性监督、控制和评价的全过程操作。目前，"监测"一词的含义可理解为监视、测定、监控，因此环境监测就是通过对影响环境质量因素的代表值的测定，确定环境质量（或污染程度）及其变化趋势。环境监测是环境管理工作的一个重要组成部分，是通过技术手段测定环境质量因素的代表值以把握环境质量状况。随着科学技术的发展，环境监测也由小尺度的监测（如工业方面的污染源监测）逐步发展到大尺度多方位的环境监测（如对各省市空气质量的定时监测），监测对象不仅是影响环境质量的污染因子，还延伸到生物、生态变化等方面。

环境监测的基本环节是布点、采样、分析测试、数据处理、综合评价和对策建议。环境监测必须有在各环境要素进行布点和采样的总体方案设计，以取得有合理置信度的空间、时间代表性的样品。在分析测试、数据处理后，要将有关因素联系起来进行综合评价，提出控制对策。同时，还要进行预测预报，以便采取调控措施。

1. 环境监测的分类及其基本要素

（1）环境监测的分类

环境监测依据不同标准，可以划分成多种类型，按其目的和性质可分为三类。

①监视性监测（常规监测或例行监测）

监视性监测是监测工作的主体，是监测站第一位的工作。这类监测包括如下两个方面：

一是污染源监测。其任务是监测污染物浓度、负荷总量、时空变化等，掌握污染状况及其发展趋势，为强化环境管理，贯彻落实有关标准、法规、制度等做好技术监督和提供技术支持。这是企业监测站的工作重点，其工作质量是环境监测水平的标志。

二是环境质量监测。指对大气、水质、土壤、噪声等各项环境质量因素状况进行定时、定点的监测分析，以了解和掌握环境质量的状况和变化趋势，为环境管理和决策提供依据。

②特定目的的监测

为某一目的而进行的特定指标监测，主要包括以下四个方面。

一是污染事故监测主要是确定紧急情况下发生的污染事故的污染程度、范围和影响等。

二是仲裁监测主要是为解决环保执法过程中发生的矛盾和纠纷，为有关部门处理污染问题提供公正的监测数据。

三是考核验证监测主要是指设施验收、环境评价、机构认可和应急性监督监测能力考核等监测工作。

四是咨询服务监测主要是指为科研、生产等部门提供有关监测数据，为社会承担一些科研咨询工作等。

③研究性监测（科研监测）

研究性监测属于较复杂的高水平监测，须经周密计划、多学科协作共同完成。例如开展污染物本底值调查、统一监测方法、研制标准物质等。

此外，按监测方法的原理，环境监测可分为化学监测、物理监测和生物监测；按污染物受体可分为大气监测、水体监测、土壤监测和生物监测；按污染性质可分为化学污染监测、物理污染（噪声、热、振动、放射性等）监测和生物污染（细菌、病毒等）监测。

（2）环境监测的基本要素

在环境监测活动中，监测者（监测机构）-监测对象-监测数据是相互关联的基本要素。除此之外，监测方法和监测结果也是基本要素。因为没有正确的监测方法，就得不到正确的数据；而没有结论的监测活动，是无目的的监测活动，这种活动是没有意义的。

①监测机构

由于环境监测的效益是社会公益性的，而且直接应用于环境管理，与管理有密切关系，因而监测机构的设置既要能掌握环境质量的现状、规律及发展趋势，又要能满足管理部门的要求。建立的监测网络既具有收集、传输环境质量信息的功能，又具有组织管理的功能。

我国监测网络的设置结合国情，采用分级管理、条块结合的方式。国家、省、市、县及大型企业依据掌握本地区环境质量状况的需要，规定各自的控制点位和数量。同时，建立横向监测网络，如各水系、海洋、农业等部门环境监测协作网、污染源监测网等。

②监测对象

实际工作中，由于受各种条件的限制，要对监测项目进行必要的筛选，选出对解决现有问题最关键和最迫切的项目。在选择监测对象时，应从以下三个方面考虑。

一是对污染物的性质如化学活性、毒性、扩散性、持久性、生物分解性和积累性等做全面分析，从中选择影响面广、持续时间长、不易分解而使动植物发生病变的物质作为例行监测项目；对于特殊目的和情况，则根据需要选择所要监测的项目。

二是对所要监测的项目必须有可靠的检测手段，并保证能获得有意义的监测结果。

三是对监测所获得的数据，要有可比较的标准或能做出科学的解释。如果无标准可比，又不了解监测结果对人体和动植物的影响，将使其陷入盲目性。

③监测方法

环境监测的对象极为复杂，要得到满意的监测结果，实现既定监测目的，监测方法的选择极为重要。近年来，环境监测方法发展的明显趋势包括以下四点。

一是布点优化。以最少的测点和测次获取最有代表性的数据。监测布点的优化研究是监测方法不断发展的主要标志。

二是质量保证系统化。质量保证工作由限于实验室内部的质量控制向监测全过程发展，形成贯穿监测全过程的质量保证体系。

三是分析方法标准化，分析技术连续自动化。目前有不少自动分析仪器已被正式定为标准的分析方法，如比色分析、离子选择电极、原子吸收光谱、气相色谱、液相色谱等自动分析方法及相应的仪器。

四是多种方法和仪器联合使用日益增多，极大地提高了环境监测效率，如色谱-质谱—计算机联用，能快速测定挥发性有机污染物，用于废水监测分析，可检测 200 种以上的污染物。计算机的应用也日益深入环境监测的各个环节。

④监测数据

监测数据是环境监测工作的产品，并通过它来展示环境监测的重要作用。环境监测必须具备的基本特性是准确、精确、完善、可比、具有代表性。同时，数据传输要快，要有流畅的数据和资料流通渠道、完善的监测网络、完整的数据报告制度，使用计算机管理是及时传输数据资料的基本保证。

监测数据的加工利用取决于加工方法的正确性和综合分析的科学性，加工方法主要涉及数理统计的内容。

⑤监测结果

一切监测活动的目的，都是取得监测结果。监测结果一般有两种形式：一种是实测结果，主要是各种监测结果表格，如环境监测年鉴属于实测结果的汇编，年鉴中对监测数据只做分类、筛选、整理，并不做评价；第二种是评价结果，各种环境质量报告，如月报、季报、环境质量报告书等。

2. 环境监测的目的和任务

(1) 环境监测的主要目的

环境监测的目的是准确、及时、全面地反映环境质量现状及发展趋势，为环境管理、污染源控制、环境规划等提供科学依据。主要包括以下几个方面。

①评价环境质量，预测环境质量发展趋势。具体如下二方面所述。

一是提供代表环境质量现状的数据，并判断环境质量是否符合国家环境质量标准。

二是对污染物及其浓度（强度）做时间和空间方面的追踪，掌握污染物的来源、扩散、迁移、反应、转化，了解污染物对环境质量的影响程度，并在此基础上对环境污染做出预测、预报和预防，判断污染源造成的影响，判断污染浓度最高和潜在问题最严重的区域，评价防治对策和治理措施的实际效果。

②为制定环境法规、标准、环境规划、环境污染综合防治对策提供科学依据，并全面监测环境管理的效果。具体如下二方面所述。

一是积累大量的不同地区的污染数据，结合当前和今后一段时间我国技术经济水平，制定切实可行的环保法规和环境质量标准。

二是通过大量监测数据验证和建立污染模式，科学地预报污染发展趋势，为决策提供以实测数据为依据的可靠资料。

三是为开展环境影响评价提供数据，提供预测模式，提供可类比地区的环境质量状况，使环境影响评价的结果尽可能符合实际。

四是随时监测环境质量的变化，为不断修正环境法规、标准、环境规划、综合防治对策提供数据，使之不断完善，使全面环境管理切实可行。

③收集本底数据，积累长期监测资料，为研究环境容量、实施总量控制、目标管理、预测预报环境质量提供数据。

④揭示新的污染问题，探明污染原因，确定新的污染物质，研究新的监测分析方法，为环境科研提供方向。

⑤为保护人类健康、保护环境，合理使用自然资源，制定环境法规、标准、规划等服务。

（2）环境监测的任务

①对环境中各项要素进行经常性监测，及时、准确、系统地掌握和评价环境质量状况及发展趋势。

②对污染源排放状况实施现场监督监测和检查，及时、准确地掌握污染源排放状况及变化趋势。

③判断环境质量是否合乎国家制定和修订的环境质量标准，定期提出环境质量报告。

④开展环境监测科学技术研究，预测环境变化趋势并提出污染防治对策与建议。

⑤开展环境监测技术服务，为经济建设、城乡建设和环境建设提供科学依据。

⑥为政府部门执行各项环境法规、标准，全面开展环境管理工作提供准确、可靠的监测数据和资料。

3. 环境监测及监测对象的特点

（1）环境监测的特点

①环境监测的综合性

环境监测的综合性指监测手段的综合与监测对象的综合。环境监测手段包括化学、物理、生物、物理化学、生物化学及生物物理等一切可以表征环境质量的方法，其监测对象包括空气、水体（江、河、湖、海及地下水）、土壤、固体废物、生物等客体，只有对这些客体进行综合分析，才能确切地说明环境质量状况。同时，对监测数据进行统计处理、综合分析时，须涉及该地区自然和社会各个方面的情况，因此必须综合考虑才能正确阐明数据的内涵。

②环境监测的连续性

由于环境监测对象大多成分复杂、干扰因素多、变化大，环境污染具有时空性等特点，参与环境监测工作的技术人员多、仪器设备多、试剂药品多，因此环境监测必须长期、不间断地进行，收集的数据必须具有连续性，这样才有可能最大限度减小各种可能出现的误差，获得比较准确的信息，也才可能揭示出环境污染的发展趋势。鉴于此，监测网络、监测点位的选择一定要有科学性，而且一旦监测点位的代表性得到确认，就必须长期坚持监测。要达到以上要求，必须尽可能采取自动化、标准化和检测网络化等先进手段对环境进行监测。

③环境监测的追踪性

环境监测包括监测目的确定、监测计划的制订、采样、样品运送和保存、实验室测定到数据整理等过程，是一个复杂而又有联系的系统，任何差错都将影响最终数据的质量。特别是区域性的大型监测，由于参加人员众多、实验室和仪器的不同，必然使得技术和管理水平不同。为使监测结果具有一定的准确性，并使数据具有可比性、代表性和完整性，还须有一个量值追踪体系予以监督。同时，环境监测部门向各方面提供的数据具有权威性和法律性，所以必须保证监测数据的准确性、精密性、代表性和可比性。因而，也要求从采样到整理的各个环节建立环境监测的质量保证体系，起到时刻追踪的作用。

④环境监测的系统性

要完成环境监测工作，获得可靠的数据、资料，就必须系统地把握住其一系列关键的基本环节，如布点和采样、分析测试、数据整理和处理、监测质量保证等。环境监测类似于生产过程，必须解决工艺定型化、分析方法标准化、监测技术规范化等各个环节的问题。

此外，环境样品的组成极为复杂，随机变化明显，其浓度范围宽，性质各异，而且物质因素之间处于动态平衡状态。在不同的水文地球化学环境中其平衡状态各异，所以待测物的浓度表现出时间分布上的变化。因此，监测的数据应具有符合监测计划要求的时间和空间的代表性和完整性。

（2）监测对象的特点

环境监测的对象涉及自然与社会的各个方面，既包括污染源与相关环境要素的因子、参数与变量，也包括追踪初级污染造成的环境影响。其具有以下特征。

①多样性

企业的污染源及其污染物在各个部门、各个阶段、各个时序的分布是十分多样化的，而对环境的直接影响和潜在影响也非常广泛。

环境监测的对象不仅有基本化学污染物质，还应考虑能量污染因素及污染物不同的价态、状态等问题。同一种污染物还有可能广泛存在于不同的介质中，并且具有不同的形态。同时，环境污染的危害往往是多种污染物联合作用及污染物间综合效应的结果。各污染物对人或生物体的毒性有的具有相加、相乘作用，有的则为单独或相抵消作用。上述这些都是环境监测中不可忽视的因素。

②变动性

污染物的不稳定性和环境条件的时空变化是产生监测对象变动性的根源。废水中蒸汽组分的冷凝，就会导致其他组分含量的变化；如果样品中的两种（或多种）污染物在储存时发生了反应，产生了新的化合物，就会从根本上改变测定结果。

环境污染物质多数具有变异性大的特点。首先，同排放的污染物性质、状态、浓度及排放情况有关；其次，在不同气象条件下，污染物的浓度是随时间、空间而变化的；最后，污染物在环境中可能发生的物理、化学作用及生物分解也是引起待测物变异的重要原因。

由于上述特点，环境监测中选择合适的采样周期和具有代表性的采样地点，发展连续监视系统是非常重要的。

③代表性

鉴于监测对象的多样与多变，必须根据环境保护管理工作的重点、难点和环境问题的热点、焦点，也就是根据确定了的监测目的和重点，慎重地选择有代表性的、有针对性的监测对象，并且在整个监测过程中保持这种代表性。突出重点、兼顾一般，准确地把握针对性，必然保证代表性。

④待测物含量低

环境污染物，特别是自然本底值的含量极微，属于痕量和超痕量分析范围。同时，监测区域变化大，从对数十千米的大区域内污染分布进行监测，到对只有 1 微米大小气溶胶颗粒化学性质的分析，显然区域变化是极大的，给监测带来了很大的困难。

⑤待测物的毒性大

污染物的毒性是指它侵入机体后与机体的体液或组织发生化学和物理作用，在达到一定程度时产生的病理改变。有剧毒的污染物即使痕量存在，也会危及人或生物的生命。

4. 环境监测的程序与方法

（1）环境监测的基本程序

环境监测就是环境信息的捕获–传递–解析–综合–控制的过程，在对监测信息进行解析综合的基础上，揭示监测数据的内涵，进而提出控制对策建议，并依法实施监督，从而达到直接有效地为环境管理和环境监督服务的目的。

①受领任务

环境监测的任务主要来自环境保护主管部门的指令，单位、组织或个人的委托、申请，监督机构的安排三个方面。环境监测必须有确切的任务来源依据。

②明确目的

无论监测的对象是什么，必然有其目的。目的不同，其监测要求有很大差异。监测者要根据任务下达者的要求和需求，确定针对性较强的监测工作。

③现场调查

根据监测目的要求，进行现场调查研究。调查的内容包括主要污染物的来源、性质及排放规律，污染受体（如居民地、学校、农田、水体、森林及其他）的性质和受体与污染源的相对位置（方位和距离），水文、地理、气象等环境条件，必要时还需要调查有关历史情况等。

④方案设计

根据目的要求、现场调查资料和有关技术规范要求，认真做好监测方案设计，并据此进行现场布点作业，做好标志和准备工作。方案设计应确定测定的范围和项目，如采样点的数目和具体位置、采样的时间和频率、调配采样人员和运输车辆、实验室分析人员的分工安排、现场工作和实验室的联系、对监测报告的要求等。总之，计划中要体现出测什么、怎么测、用什么测、由哪些人来测及对测定结果如何评价等。

⑤采集样品

按照设计方案和规定的操作程序实施样品采集，对某些须现场处置的样品，应按规定进行处置包装，并如实记录采样实况和现场实况。

⑥运送保存

按照规范方法需求，将采集的样品和记录及时安全地送往实验室，并办好交接手续。

⑦分析测试

按照规定程序和规定的分析方法，对样品进行分析，如实记录检测信息，并根据分析记录计算污染物浓度，然后整理入表。

⑧数据处理

对测试数据进行处理和统计检验，整理入库（数据库）。

⑨综合评价

依据有关规定和标准进行综合分析，结合现场调查资料对监测结果做出合理解释，写出研究（预测结论和对策建议）报告，并按规定程序报出。

⑩监督控制

根据主管部门的指令或用户需求，对监测对象实施监督控制，保证法规政令落到实处。

⑪反馈处理

对监测结果的意见申诉和对策执行情况进行反馈处理，不断修正工作，提高服务质量。

（2）环境监测工作的组织实施

环境监测工作根据它的工作程序依次展开，而环境监测工作的组织管理就是按照程序规定的每一个环节来实施。当一项环境监测任务的目的和对象确定后，环境监测工作就要根据一套科学的程序来组织，包括监测规划的拟订，技术方案的选择，监测网络的设计，质量保证和质量控制手段的建立，完整适用的采样和分析技术的选择，数据处理、分析、表达和评价方法的确立，信息的建立、输送及其利用等。

日常的环境监测计划根据以下程序进行编制。

①确定环境监测任务。分为日常的常规监测（对外环境的排放口、装置内排放口等）、规划性监测、应急性监测、评价性监测、考核性监测等类型。

②组成监测队伍，筹措监测条件。包括监测人员的上岗考核及监测队伍总体技术水平的评估、仪器设备的定时检验与校准、标准参考样品的准备等。

③选择科学、合理的技术方案：第一，制订严格有序的监测计划（进行预调查，特别注意和生产运行工况的衔接及监测工作本身各个环节的连接）；第二，确定监测分析的项目（根据监测任务的性质和要求、各种环境质量和污染物排放控制的标准和规范的规定，以及公众反映的迫切性和可操作性等进行选择）；第三，确定采样方法（采样时段、采样技术与措施、采样部位、采样频率、样品的保存与运输等）；第四，确定分析监测方法（方法的标准等级、适用范围以及方法的安全性、及时性、经济性、可操作性等）；第五，确定质量保证/质量控制的程序和方法。

④撰写环境监测成果报告：第一，数据的筛选、处理与统计；第二，调查时段相应生产装置运行情况的了解与汇总；第三，调查时段相关环境要素的质量水平、波动情况及其分析；第四，调查结论与建议。

⑤调查信息的保存、反馈及其利用：第一，数据库的建立；第二，数据的网络化管理；第三，统计结果的反馈（月报、年报及年鉴）；第四，局域网的信息发布。

（3）环境监测方法

环境监测的方法多种多样，从技术角度来看，有物理的、化学的、生物的；从先进程度来看，有人工的、有自动化的。近年来，由于遥感技术、信息技术和数字技术的迅猛发展，环境监测的方法在日新月异地发展着、更新着，但不管什么方法，都取决于监测的目的和实际可能的条件。

用于环境监测的分析方法可分为两大类：一类是化学分析法；另一类是仪器分析法（也叫物理化学分析法）。

化学分析包括滴定法（酸碱滴定、氧化还原滴定、沉淀滴定和络合滴定）和重量法。这类方法的主要特点是：第一，准确度高，其相对误差一般为 0.2%；第二，所需仪器设备简单；第三，灵敏度低，适用于高含量组分的测定，对微量组分则难以使用。

仪器分析法的种类很多，以测定光辐射的吸收或发射为基础的有分光光度法、紫外分光光度法、红外分光光度法、原子吸收分光光度法、荧光光度法、红外线吸收法、发射光谱法及火焰光度法等；以溶液的电化学效应为基础的有极谱法、恒电流库仑法、电导法、离子电极法、电位溶出法等；以色谱分离为基础，与适当的检定器配合后所得分离分析方法的有气相色谱法、高效液相色谱和离子色谱法等；此外，还有质谱法及中子活化法等。仪器分析法的共同特点：第一，灵敏度高，适用于微量或痕量组分的分析；第二，选择性强，对试样预处理要求简单；第三，响应速度快，容易实现连续自动测定；第四，有些仪器分析法还可组合使用（如色谱法与质谱法的组合），使二者的优点得到更好的利用。与化学分析法相比，仪器分析法的相对误差较大，一般都是百分之几。此外，这类方法所用仪器的价格比较高，有的十分昂贵，在一定程度上影响了其他仪器分析法的广泛采用。

因此，在选择分析方法时，应根据测定目的，尽可能应用可靠性高的分析方法，同时也要考虑到采样效率、测定的界限、共存成分的影响、操作的难易及价格消耗等因素。不一定非要选用昂贵的精密分析仪器和高技术的测定方法，只要经过鉴定是完全科学的测定方法，即使有一定允许范围的误差，也可以应用于环境污染物的分析。为了便于测定数据的比较，应使用国内规定的标准分析方法或统一分析方法。

（4）主要监测工作程序示例

①污染源例行监测工作程序

排污单位向环保部门申报污染源情况；环保主管部门确定批准监测项目、频率和方法；排污单位的监测机构按批准的监测项目、频率和方法实施例行监测；排污单位按期向环保部门和上级监测机构报告监测结果；排污单位主管部门据此采取措施，确保污染源达标排放；环保主管部门监测机构按规定对排污单位进行监督监测。

②污染源监督性监测工作程序

排污单位报告污染源例行监测情况；环保主管部门审批下达监督性监测计划；环保主

管部门监测机构实施污染源现场监督监测；监测机构在规定时限内向排污单位出具监测监督报告，同时向环保主管部门反馈监测结果和处理建议；环保主管部门据此做出有关决定；监测机构对决定落实情况进行现场督察。

非正常情况下，污染源监督性监测也可根据环境保护工作需要和确定的重点，或针对排污单位临时状况，在排污单位未申报的情况下进行，但必须有合法依据或充足的执法理由。

③理性监测工作程序

环境监测机构涉及环境管理性的监测工作，主要有评价监测、质量监测和验收监测。

理性监测工作的一般工作程序是：建设单位（组织委托单位）向所属环境监测单位提出监测申请；监测机构（或环保主管部门）编制监测计划或方案，并通知申请单位；监测机构按计划（方案）进行现场监测作业，其主要内容包括对设施建设、运行及管理情况检查，设施运行效率测试，污染物（排放浓度、排放速率和排放总量等）达标排放测试，排放污染物对环境影响的检测等；监测机构依据有关标准、规范要求，对监测结果进行分析、综合、判断，形成结论和报告；在规定时限内向被监测单位出具监测报告；根据需要检查报告、建议、措施和指令落实情况。

④环境执法性监测监督工作程序

监测机构依据主管部门的委托和授权，履行部分执法监督职能，范围主要包括仲裁监测、收费监测、排污总量检查监测和污染事故处理监测。其一般工作程序是：环保主管部门下达指令性监测监督任务计划（或争议方提出监测监督申请）；监测机构制订监测监督工作实施计划；监测机构按计划实施现场监测，履行执法监督职权；在规定时限内形成督察结论建议，上报主管部门（或申请、委托单位）并获得其认可；向被督察单位下达整改或处罚指令；被监督单位执行落实情况的检查监督。

（二）环境预测

1. 环境预测的概念

所谓预测，就是对事物未来的发展趋势和可能达到的水平做出估计和推断，或者说预测就是对发展变化事物的未来做出科学的分析。而环境预测则是根据过去和现在所掌握的环境方面的信息资料，对某个环境领域未来可能发生的潜在变化和发展趋势，以及采取某种环境对策后可能产生的环境效益所进行的一种预先估计与判断，是对环境发展趋势进行定性定量相结合的轮廓描绘，为提出防止环境进一步恶化和改善环境的对策提供依据。

2. 环境预测的工作程序

环境预测是一个动态过程，不同的内容、要求决定其工作程序也会不一样，但总的来说，环境预测的工作程序大致分为以下程序与步骤。

（1）准备阶段

①明确预测对象、确定预测目标

按照环境决策管理的需要，确定预测对象、预测目的与具体任务是进行预测的前提。由于这一步关系到预测工作的其他步骤，因此对于这一阶段工作的要求是目标明确、任务具体。

②确定预测时间

根据上述预测目的和任务要求，规定预测的时间期限。

③制订预测计划

预测计划是预测目的的具体化、规划预测的具体工作，如安排预测人员、预测期限、预测经费、情报获取的途径等。

（2）进行信息收集与分析

①收集预测资料

环境预测必须有充分的历史和现实数据，因此在明确任务之后，必须围绕环境预测目标，收集有关的数据和资料。这些数据资料的来源必须明确、可靠，结论必须正确、可信。

②资料的分析检验

由于资料和情报是预测的基础，因此数据、资料中必须包含可以反映预测对象的特性和变动倾向的信息。在这里，一方面要尽可能将有关原始资料收集完整；另一方面，又要对资料进行加工整理、分析和选择，剔除非正常因素的干扰，对各相关因素进行测定和调整。

③得出预测结果

将收集到的环境信息及有关的数据资料代入所建立的环境预测模型中计算，求出初步的环境预测结果。无论是定性还是定量预测，均须给出预测对象的预测结果。在对复杂环境的定量预测中，求解预测数学模型时，要多借助计算机给出预测的定量结果。

④检验预测的准确度

环境预测的初步结果往往不可能十分精确，因此还需要对预测结果进行分析、检验，以确定其可信程度。如果误差太大则需要分析产生误差的原因，以决定是否要对模型进行修改、重新计算，或者是对预测结果做必要的调整。

⑤输出预测结果

当预测结果满足精确度要求后，可将预测的结果给予输出，并按要求提交给决策部门，以制订环境管理方案。

（三）环境审计

1. 环境审计概述

随着人们对自然资源及环境问题的日益关注，世界各国"绿色浪潮"逐渐兴起。"绿色"一词已成为有关环境问题的代名词，并深入人心。人们在追求"绿色"及经济可持续发展的过程中发现，传统的会计核算有许多不足，未能将资源环境纳入会计成本核算中，不能如实披露资源、环境状况及环境经济责任问题。为弥补其不足，产生了环境会计（又称绿色会计）。为了满足对环境会计真实性、合法性的监督审计需要，适应全球经济可持续发展，以披露自然资源、环境信息真实性为主的"绿色审计"——环境审计就应运而生了。这是环境审计产生的社会经济根源。

环境审计是一种管理工具，用于对环境组织、环境管理和仪器设备是否发挥作用进行系统的、文化的、定期的和客观的评价，其目的在于通过以下两个方面帮助保护环境：第一，简化环境活动的管理；第二，评定公司政策与环境要求的一致性，公司政策要满足环境管理的要求。

鉴于以上两种观点，大多数学者认为，环境审计是指审计机构接受政府授权或其他有关机关的委托，依据国家的方针、政策、环保法规和财经法规，对排放或超标排放污染物的企事业单位的污染状况和治理情况、污染治理专项资金的使用情况等环境经济活动进行审查、核算，收集必要证据资料表示公正意见，并向授权人或委托人提交审计报告和建议的一种活动。环境审计的主体通常包括国家审计机关和民间审计机构两种，前者是政府下属的职能部门，它经过政府授权，对排污单位进行环境审计；后者是一种社会性的民间审计机构，它可接受环保主管部门、审判机关及产品进出口审批机关等有关部门的委托，从事一些特定目的的审计工作。环境审计的对象主要包括排放（对水体而言）或超标排放污染物的一切企事业单位，可应用于各种层次和范围，甚至是针对某一特定污染问题。

环境审计与传统审计的区别为：针对突出自然资源、环境问题的"环境会计"真实性、合法性的监督；披露"环境会计"自然资源、环境计量合法性及其环境效益真实性的鉴证审计；集资源、环境信息披露及环境效益鉴证业务于一体的特殊目的审计。将自然资源、环境保护纳入审计范围，对传统审计进行的"绿化"，已成为审计界对可持续发展的又一重大贡献。环境审计理论研究及实务已成为全世界审计学术的中心议题。

2. 环境审计方法

环境审计方法是指审计人员检查和分析环境审计对象，收集环境审计证据，对照环境审计依据，并编写环境审计报告，做出环境审计结论，提出审计意见而采取的各种手段的总称。

环境审计方法很多，每种方法都有其特定目的和适用范围。因此，在选用审计方法时，必须遵循以下原则。

第一，适合于环境审计的特定目的。第二，与被审计单位的具体情况相适应。第三，与审计主体的性质和任务相适应。

各种环境审计主体的性质不同，所担负的任务不同，所采用的审计方法也有所不同。各种审计方法之间既有区别，又有联系，因此应根据不同条件灵活运用。

环境审计是一个定义完整、组织良好的整体。从方法学来说，它分为以下的三个步骤。

（1）前期审计活动

每一项审计的准备工作都包括大量的活动，活动的内容包括选择审查现场，挑选、组织审计小组，制订审计计划以确定技术、区域和时间范围，获得工厂的背景材料（如用调查表的方法进行调查）以及要用在评估程序中的标准。这样做的目的是减少现场活动时间，使审计小组在整个现场审计过程中能发挥最大的工作效用。

（2）现场审计活动

现场审计活动由五个基本步骤组成。

①区别和了解企业内部的管理控制系统

内部控制是与工厂环境管理系统联系在一起的。内部控制包括有组织地监测和保存记录的程序；正式计划，如防止和控制偶然的污染物的排放；内部检查程序；物理控制，如排放物的控制；各类其他控制系统要素等。审计小组通过利用正式的调查表、观察资料和会谈等方法来获取大量的资料，并从这些大量的资料中获得与所有重要的控制系统要素有关的信息。

②评价企业内部的管理控制系统

这主要是评价管理控制系统的功能和效果。环境审计重点披露的内容是有关企业自然资源、环境计量的真实性、合法性，环境资产、环境资本金、环境成本、费用、环境效益核算的真实性、合法性，报表附注披露环境保护信息状况、未来发展前景信息状况，环境控制绩效分析及执行环境法规等情况。在有些情况下，法规对管理控制系统的设计做了详细说明，如对偶然的排放物，法规可列出要包含在计划中的、与其有关的专项内容。但更常见的情况是，小组成员必须依靠他们自己的专业判断能力对控制系统做出评价。

③收集审计资料

在这一步骤中，审计小组要收集所需证据，以便证实控制系统在实际运行中确实能达到预期的效果。小组成员根据审计草案（该审计草案可根据实际情况进行调整）中的既定程序进行工作。该步骤内容包括审查排放物的监测数据以确定其符合规定的要求；审查培训记录以证实有关的工作人员已接受过培训，或审查采购部门的记录以证实废弃物承包商具有资格处置这些废弃物。记录收集到的全部信息，进行分析，并做记录。控制系统中的要素存在的不足，也要记录下来。

④评价审计调查结果

单项控制调查结束之后，小组成员得出的是与控制系统单个要素有关的结论。接下来要综合评价该调查结果，并评估其不足之处。在评价该审计调查结果时，审计小组要确认有足够的证据来证实调查的结果，并清楚、概要地总结调查的结果。

⑤向工厂汇报调查结果

在审计过程中，就调查的结果，通常要与工厂职员分别进行讨论。在总结审计报告时，要与工厂管理部门一起召开一个正式的会议，汇报调查结果及它们在控制系统运行中的重要性。审计小组可在准备最后的报告之前，向管理部门提交一份书面总结作为中期的报告。

（3）后期审计活动

在现场审计后期，还有三项重要的工作要做。

①准备最终报告并提出一个更正行动的计划。最终审计报告一般由小组负责人撰写，再由负责评价其准确性的人员进行审查，最后才被提交给相应的管理部门。

②行动计划的准备及执行。在审计小组或外部专家的协助下，工厂提出一项计划，该项计划反映了全部的调查结果。行动计划作为一种途径，是为取得管理部门的认可和保证计划顺利实施服务的。只要可能，就应立即付诸行动，以使管理部门确信合适的更正行动已经计划了。当然，如果更正行动没有很快进行，审计的主要作用就失去了。

③监督更正行动计划的执行。监督是非常重要的一个步骤，其目的是要保证更正行动计划的实施和使所有必要的更正行动受到关注。审计小组、内部环境专家及管理部门都可以进行监督。不是所有的审计程序都必须包含每一个步骤，但是一般来说，每个程序的设计都应考虑到上述活动的步骤。

第二章　环境污染及其防治技术

第一节　大气污染及其治理

一、大气污染的定义及其来源

（一）大气污染的定义及类型

所谓大气污染，通常是指由于人类活动（生产、生活）和自然过程（火山、山林火灾、海啸、岩石风化）引起某种物质进入大气，呈现足够的浓度，达到足够的时间，并因此而危害人体的舒适、健康和福利或危害环境的现象。或者说是指大气中污染物质的浓度达到了有害程度，以致破坏生态系统和人类正常生存和发展的条件，对人和物造成危害的现象。

随着人们对大气组分及其效应的认识逐步加深，大气污染涉及的范围也不断拓展。按照污染的范围，大气污染可分为下列三种类型。

1. 局地性大气污染

在较小的空间尺度内（如厂区，或者一个城市）产生的大气污染问题，在该范围内造成影响，并可以通过该范围内的控制措施加以解决的局部污染。

2. 区域性大气污染

跨越城市乃至国家的行政边界的大气污染，需要通过各行政单元间相互协作才能解决的大气环境问题。如北美洲、欧洲和东亚地区的酸沉降、大气棕色云等。

3. 全球性大气污染

涉及整个地球大气层的大气环境问题，如臭氧层被破坏、温室效应等。

（二）大气污染源

大气污染源可分为两类，分别是天然源和人为源。天然源是指自然界自行向大气环境排放物质的场所；人为源是指人类的生产活动和生活活动所形成的污染源。自然环境所具有的物理、化学和生物功能（自然环境的自净作用），能够使自然过程所造成的大气污染经过一定时间后自动消除，大气环境质量能够自动恢复。一般而言，大气污染主要是人类活动造成的，随着人为活动的加剧，许多大气污染的形成是人为源和天然源共同作用的结果。

按污染源存在形式，大气污染源可以分为固定污染源和移动污染源。其中，固定污染源是指排放污染物的装置所处位置固定的污染源，如火力发电厂、烟囱、炉灶等；移动污染源是指排放污染物的装置所处位置不固定的污染源，如汽车、火车、轮船等。另外，按污染物的排放形式的不同，可以将大气污染源分为点源、线源和面源；按照污染物排放空间的不同，可以将大气污染源分为高架源与地面源；按照污染物排放时间，可以将大气污染源分为连续源、间断源与瞬时源；按照污染物发生类型的不同，可以将大气污染源分为工业污染源、农业污染源、生活污染源。

（三）大气污染物

大气污染物是指由于人类活动或自然过程排入大气，并对人和环境产生有害影响的物质。大气污染物的种类很多，按其来源可分为一次污染物和二次污染物。一次污染物是指直接由污染源排放的污染物。而在大气中一次污染物发生化学作用生成的污染物，常称为二次污染物，比一次污染物对环境和人体的危害更为严重。大气污染物按其存在状态则可分为三大类，即颗粒物、气态污染物以及其他有害有毒的污染物。

1. 颗粒物

颗粒物是大气中的固体或液体颗粒状物质，又称"尘"。一般按其尺寸大小可将大气中的颗粒物划分为如下几类：

（1）粉尘。粒径介于 $1.0\mu m \sim 100\mu m$ 的颗粒，一般多在 $10\mu m$ 以上。

（2）降尘。粒径大于 $10\mu m$ 的微小颗粒，在空气中能够自然沉降。

（3）飘尘。粒径小于 $10\mu m$ 的微小颗粒，在大气中飘浮，而不下沉。

（4）烟尘。通过燃烧、熔融、蒸发、升华、冷凝等过程所形成的固态或液态悬浮颗粒。

（5）云尘。粒径小于 $0.25\mu m$ 的颗粒。

在我国的环境空气质量标准中，根据大小将颗粒分为总悬浮颗粒物和可吸入颗粒物。总悬浮颗粒物是能悬浮在空气中、空气动力学当量直径小于 $100\mu m$ 的颗粒物的总和；可吸入颗粒物是悬浮在空气中、空气动力学当量直径小于 $10\mu m$ 的颗粒物的总和，其中，直

径小于 $2.5\mu m$ 的颗粒物，又总称为 PM 2.5，这部分颗粒污染物可通过呼吸道吸入肺泡，因而危害更大。

2. 气态污染物

大气中的气态污染物可以分为一次污染物与二次污染物两种。详述如下。

（1）一次污染物

大气中有多种气态的一次污染物，按其成分可分为无机气态污染物和有机气态污染物，主要有下列几种。

①硫的化合物

主要指 SO_2、SO_3、H_2S 等，其中，SO_2 数量最多、危害最大。

②氮的化合物

主要指 NO_2、NH_3 等，含氮燃料燃烧产生的 NO_4 称为燃料 NO_2，燃烧过程中将空气中部分氮气分解生成的 NO 称为热 NO_2。

③碳的化合物

主要指 CO_2、CO 等，人为的有汽车尾气、燃料的不完全燃烧等，自然的有森林火灾等。

④碳氢化合物

主要指有机废气，如烃、醇、酮、酯、胺等。

⑤卤素化合物

主要指含氯化合物和含氟化合物，如 HCl、HF、SiF_4 等。

（2）二次污染物

大气中二次污染物的生成、影响和控制是大气污染研究的重要内容。二次污染物的危害性更大，典型的二次污染事件包括洛杉矶光化学烟雾和伦敦烟雾。洛杉矶光化学烟雾是由于汽车排放的大量氮氧化物或挥发性有机物，通过复杂的光化学反应形成的大气污染现象；伦敦烟雾是由于燃煤导致的大量烟尘和二氧化硫排放，与在化学反应作用下形成的硫酸、硫酸盐等混合形成的酸性烟雾。

3. 其他有毒有害的污染物

一般来说，空气中常见的有毒有害污染物有如下几类。

（1）多环芳烃类化合物

多环芳烃是分子中含有两个以上苯环的碳氢化合物，包括萘、蒽、菲、芘等 150 余种化合物，有些多环芳烃还含有氮、硫等原子。苯并芘是最早被发现的大气中的化学致癌物，而且致癌性很强，因此苯并芘常被用作多环芳烃的代表，是燃料及有机物质在400℃以上高温热解、环化聚合等反应过程中生成的一种芳香族有机化合物，其分子结构由五个苯环所组成。

（2）重金属

重金属一般以天然丰度广泛存在于自然界中，但由于人类对重金属的开采、冶炼、加工及商业制造活动日益增多，造成不少重金属如铅、汞、镉、钴等进入大气、水、土壤中，引起严重的环境污染。重金属是水体污染的重点污染物。近年来，大气中的重金属污染也引起越来越多的关注，其中主要的污染物是铅和汞。在用四乙基铅做汽油的防爆剂时，汽车尾气中的铅有97%成为直径小于0.51μm的颗粒飘浮在空气中，对人体健康具有很大危害。矿业生产和燃煤过程导致汞向大气排放，由于我国一次能源主要依赖燃煤，我国被认为是向大气中排汞量很大的国家。而且，汞在大气中能被传送很远的距离，造成严重的区域性污染问题。

（3）持久性有机污染物（POPs）

持久性有机污染物（POPs）是指通过各种环境介质能够长距离迁移并长期存在于环境，具有长期残留性、生物蓄积性、半挥发性、高毒性，对人类健康和环境具有严重危害的天然/人工合成的有机污染物质。近些年，这些物质在大气中的迁移和有效控制将受到全人类越来越深切的关注。

上述大气污染物的危害是不言而喻的，需要特别强调的是，近地面臭氧也是一种危害极大的大气污染物。由于光化学烟雾特别是臭氧的高氧化性，近地面的臭氧与人体直接接触，将导致严重的健康危害，最明显的作用是对黏膜系统的伤害，对眼睛具有强烈的刺激，同时对鼻、咽喉、气管和肺也有损伤。臭氧浓度水平过高或者长时间接触，会引起呼吸系统病变，造成中枢神经系统损害，并阻碍血液输氧的功能。与近地面臭氧上升相伴随的是大气中的过氧乙酰硝酸酯（PAN）的升高，PAN是一种极强的催泪剂，同时近来的研究显示，PAN可能具有潜在的致癌作用。

二、大气污染防治原则

控制污染源是控制大气污染的关键所在。控制大气污染应以合理利用资源为基点，以预防为主、防治结合、标本兼治为原则。控制大气污染主要有以下几个方面。

（一）加强规划管理

从现实出发，以技术可行性和经济合理性为原则，对不同地区确定相应的大气污染控制目标，并对污染源集中地区实行总量排放标准。按工业分散布局的原则规划新城镇的工业布局和调整老城镇的工业布局，完善城市绿化系统，加强城市大气质量管理。

（二）推行清洁生产，改善能源结构

清洁生产即用清洁的能源和原材料，通过清洁的生产过程，制造出清洁的产品，把综合预防的环境策略应用于生产及产品中，减少排放废物对人类和环境的危害，可以提高资源利用率，降低成本并可降低处理费用。即减少排污，实现污染物总量控制目标，以促进经济增长方式转变的重要手段。我国以煤炭为主的能源结构，能耗大、浪费多、污染严重，必须改革能源结构并大力节能。具体措施如下。

1. 改变燃料构成

改变城市居民燃料构成是城市大气污染综合防治的一项有效措施。用清洁的气体或液体燃料来代替燃煤，可使大气中的粉尘降低。这是一种根本性控制和防治大气污染的方法，它对改善城市大气环境质量、节约能源、方便人民生活等方面都有重大意义。

2. 对燃料进行预处理

如燃料脱硫、煤的气化和液化、普及民用型煤，既节煤，又可减少污染物排放量。

3. 进行技术生产工艺改革综合利用废气

通过改革工艺，力争把某一生产过程中产生的废气作为另一生产的原料加以利用，这样就可以取得减少污染的排放和变废为宝的双重经济效益。

4. 采用集中供热和连片供暖

集中供热比分散供热可节约 30.5%～35% 的燃煤，且便于采取除尘和脱硫措施。分散的小炉灶，由于燃烧效率低，烟囱矮，同集中供热相比，使用相同数量的煤所产生的烟尘高 1～2 倍，飘尘多 3～4 倍。

5. 积极开发清洁能源

防治能源型大气污染的主要措施之一是开发使用清洁能源，在大力节能的同时，应因地制宜地开发水电、地热、风能、海洋能、核电及充分利用太阳能等。

（三）综合防治汽车尾气及扬尘污染

随着经济的持续高速发展，我国汽车的保有量急剧增加，因而汽车排气的污染危害日益明显，综合治理汽车尾气、普及无铅汽油、开发环保汽车、减少城市的裸地，是开展大气环境保护的重要措施。

三、烟尘防治技术

(一) 除尘装置的主要性能

燃料及其他物质燃烧等过程产生的烟尘，以及对固体物料破碎、筛分和输送的机械过程所产生的粉尘，都是以固态或液态的粒子存在于大气中，从废气中除去或收集这些固态或液态粒子的设备，称为除尘装置。根据在除尘过程中是否采用润湿剂，将除尘装置的类型分为湿式除尘装置和干式除尘装置。根据除尘过程中的粒子分离原理，除尘装置又可分为重力除尘装置、惯性力除尘装置、离心力除尘装置、洗涤式除尘装置、过滤式除尘装置、电除尘装置和声波除尘装置等。近几年来，为提高对微粒的捕集效率，还出现了综合几种除尘机制的新型除尘器，如声凝聚器、热凝聚器、高梯度磁分离器等。

选择除尘装置时，除考虑烟尘的特性外，还要对除尘装置的性能有所了解。除尘装置的主要性能指标有如下三个。

1. 处理量

除尘装置的处理量是指除尘装置在单位时间内所能处理的含尘气体量。它取决于装置的形式和结构尺寸。在选择除尘装置时必须注意这个指标，否则将会影响除尘效率。

2. 效率

除尘装置的效率有如下三种表示方法。

（1）总效率

指除尘装置除下的烟尘量与未经除尘前含尘气体（烟气）中所含烟尘量的百分比。

（2）分级效率

指除尘装置对除去某一特定粒径范围的污染物的除尘效率。

（3）多级除尘效率

当使用一级除尘装置达不到除尘要求时，通常将两个或两个以上的除尘装置串联起来使用，形成多级除尘装置，其效率称为多级除尘效率。

3. 阻力降

除尘装置的阻力降是指烟气经过除尘装置时，能量消耗的一个主要指标，除尘装置的阻力降有时又称为压力降。

(二) 常用的除尘器

接下来，我们简单讨论几种实际中常用的除尘器的工作原理和性能。

1. 重力除尘器

重力除尘器是借助重力作用使含尘气体中的尘粒沉降，并将其分离捕集的装置。重力除尘器有单层沉降室或多层沉降室，是各种除尘器中最简单的一种，只对 $50\mu m$ 以上的尘粒有较好的捕集作用。气体的水平流速 v_0 通常取 $1\sim 2m/s$，除尘效率为 $40\%\sim 60\%$。重力除尘器构造简单、施工方便、投资少、收效快，但体积庞大、占地多、效率低，因而不适于除去细小尘粒。

2. 惯性除尘器

惯性除尘器是使含尘气体与挡板撞击或者急剧改变气流方向，利用惯性力分离并捕集粉尘的除尘设备。惯性除尘器亦称惰性除尘器，当高速运动的含尘气流在遇到挡板时，借助惯性力被捕集。气流速度越高，气流方向转变次数越多，粉尘去除效率越高。

惯性除尘器一般净化密度和粒径较大的金属或矿物性粉尘，这种设备结构简单，阻力较小，但除尘效率不高，一般只用于多级除尘中的一级除尘。惯性除尘器根据其性能不同，可以分离或收集几微米、$10\mu m$、$20\mu m\sim 30\mu m$ 的微粒，气流速度及其压力损失随着设备形式的不同而不同。

3. 旋风除尘器

这类除尘器主要根据含尘气流沿着某一方向做连续的旋转时尘粒获得离心力，使尘粒从气流中分离出来的原理而设计，也称为离心式除尘器。

4. 洗涤式除尘器

洗涤式除尘器是用液体（一般为水）形成的液滴、液膜、雾沫等洗涤含尘烟气，将尘粒进行分离的装置。在洗涤式除尘器中，所形成的大量液滴、液膜、雾沫和气泡等能与烟气很好地接触，既可提高固体颗粒物的分离效能，又能吸收脱除气体中的一些有害物质。

洗涤式除尘器是湿式器，形式多样，如贮水式、加压水式等。目前，贮水式除尘器的形式已有很多种。贮水式除尘器内存有一定量的水或其他液体，由于含尘气体的吹入，使微小的尘粒碰撞并黏附于所形成的液滴、液膜或气泡上，而达到除尘目的。贮水式除尘器一般多设有贮水和循环水池，洗涤水可循环使用。所以，它具有补充液体量少的优点。加压水式除尘器是靠加压水进行喷雾洗涤来达到除尘的目的，可分为文丘里管洗涤器、喷射洗涤器、旋风洗涤器、喷雾塔、泡罩塔和各种填料塔等种类，其中，文丘里管洗涤式除尘器是使用广泛、效率较高的一种。文丘里管除尘器的除尘机理是使含尘气流经过文丘里管的喉径形成高速气流，并与在喉径处喷入的高压水所形成的液滴相碰撞，使尘粒黏附于液滴上而达到除尘目的。文丘里管除尘器的主要优点是它不仅减少了安装面积，而且还能脱出烟气中部分硫氧化物和氮氧化物。其缺点是压力损失大，动力消耗大，并需要有污水处理器。

5. 过滤除尘器

过滤除尘器是使含尘气体通过滤料，将尘粒分离捕集，使气体深入净化的装置。它有内部过滤和外部过滤两种方式。内部过滤是把松散多孔的滤料填充于框架内作为过滤层，尘粒是在过滤材料内部进行捕集的。由于清除滤料中的尘粒比较困难，因此，当被除下来的尘料无经济价值时，常常使用价格低廉的一次性滤料；但当滤料价值较贵时，这种除尘方法仅适用于含尘浓度极低的气体。外部过滤是用滤布或滤纸等作为滤料，以最初黏附在滤料表面上的粒层（初层）作为过滤层，在新的滤料上可阻隔粒径 $1\mu m$ 以上的尘料形成初层。由于初层具有多孔性仍起滤料作用，可阻隔粒径小于 $1\mu m$ 的尘粒。当滤料上粉尘黏附到一定厚度时，阻力增大，则要进行清灰收尘。清灰后的初层仍附着在滤料上。这种除尘器可捕集 $0.1\mu m$ 以上的尘粒，效率可达 90%～99%。

在实际应用中，常用棉包、有机纤维、无机纤维的纱线织成滤布，用此布做成的滤袋是袋式除尘器中最主要的滤尘部件，其形状有圆形和扁形，圆形滤袋应用最多。袋式除尘器是在室内悬吊许多滤布袋来净化含尘气体的装置，滤布、清灰机构、过滤速度等因素都会影响除尘器的性能。根据所处理的含尘气体的性质和清灰机构，滤布应具有耐酸性、耐碱性、耐热性和一定的机械强度。

6. 电除尘器

电除尘器是用高压直流电源产生不均匀的电场，利用电场中的电晕放电使尘粒荷电，然后尘粒在电场中库仑力的作用下向收尘极集中，当达到一定厚度时，振动电极使尘粒沉落在集尘器中。常用于以煤为燃料的工厂、电站，收集烟气中的煤灰和粉尘。冶金中用于收集锡、锌、铅、铝等的氧化物。电除尘器具有除尘效率高、阻力损失小、耗电量小、维护简单、处理量大、可以完全实现操作自动控制等方面的优点。其缺点是设备比较复杂、对粉尘电阻有一定要求、受气体温度和湿度等的操作条件影响较大、一次投资较大。

四、气态污染物防治技术

（一）冷凝法

实践表明，废气中经常含有一些易于凝结的蒸汽态有害气体，这类气体在加大气压或降低温度的条件下，很容易从废气中分离出来。为此，人们设计了冷凝法。对于一些高浓度的有机废气，这类净化方法不仅可以取得良好的净化效果，而且设备简单、操作方便，经济效益也不错。

（二）吸收法

吸收法是用溶液或溶剂吸收工业废气中的有害气体成分，使它与废气分离的净化过程。吸收法几乎可以处理各种有害气体，适用范围广，并可回收有价值产品，其工艺成熟，一次性投资低，吸收效率高，即使是含尘、含湿、含黏污物的废气也能够得到同时处理，因而应用广泛。缺点是工艺比较复杂，吸收效率有时不是特别理想，且有害成分会保存在液体中，有回收价值的须处理，否则会造成浪费或造成二次污染。SO_2、HCl、HF 等气体可以使用该方法来进行处理。

填料吸收器、鼓泡式吸收器（筛板塔）和喷洒式吸收器为常用的吸收设备。

一般情况下，填料塔都是圆形的，塔内填装不同类型的填料，吸收液由液体分布器在填料层上方均匀喷淋，自上而下从填料间隙流过，并在填料表面形成液膜，混合气体由下而上穿透填料层，气液两相在填料表面接触，污染物气体完成由气相向液相的传质过程，从而使废气中的有害气体得以有效去除。

板式鼓泡吸收器一般是圆形塔，塔内有水平的塔板，两相在每块塔板上接触一次，气液两相在塔内可逐级多次接触。气体从塔底进入，从上方排出，液体则由上而下地进、出，各级为逆流联结。该吸收器的塔板上开有直径为 2mm～8mm 的小孔，气体流经这些小孔，鼓泡穿过塔板上的液层。

空心柱式喷洒吸收器中，气体通常是自下而上运动，液体由喷洒器竖直向下或倾斜向下喷出。喷洒器的安装也可通过几层来进行。

二氧化硫（SO_2）气体的净化工艺中最常用的石灰/石灰石-石膏法即是吸收法。石灰/石灰石-石膏法是采用石灰/石灰石浆液脱除烟气中的 SO_2 并副产石膏的方法，采用的吸收剂价格低廉、易得为本方法的优点；易发生设备堵塞或磨损为本方法的缺点。

用石灰石或石灰浆液吸收烟气中的 SO_2，可由两个工序组成，它们分别为吸收和氧化。先吸收生成亚硫酸钙（$CaSO_3$），然后再氧化为硫酸钙（$CaSO_4$）。

（三）燃烧法

对于一些常见的污染物，尤其是一些有机污染物、一氧化碳（CO）、异味物质等，如果将其高温分解或氧化燃烧，就可以转化为二氧化碳（CO_2）、水（H_2O）等无污染的物质，为此，人们设计了燃烧法，以去除这类气态污染物。具体实践中最常用的燃烧法有三种，分别是直接燃烧、热力燃烧和催化燃烧。

（四）吸附法

吸附法是用多孔性固体吸附剂吸附废气中的有害气体，使它与废气分离的净化过程。

由于有未平衡或未饱和的分子力或化学键力存在于固体物质表面，当气体与它接触时，它就能吸引气体分子，把气体分子浓集在固体表面上。吸附过程一般是可逆的，可对吸附剂进行脱附处理，使吸附剂再生利用。由于吸附剂吸附容量有限，当污染物浓度较高时，一般可采用冷凝、吸收等方法先行净化，再用吸附法净化。吸附法也可用于预先氧化污染物，以便进行其他净化处理。气流的预先干燥脱水可使用吸附剂。

吸附法净化效率高，对低浓度气体的净化能力非常强，适用于排放标准要求严格或有害成分浓度低，用其他方法达不到净化要求的气体净化。吸附剂可再生利用，使治理费用得以有效降低。通过再生处理，可回收有用物质。但再生需专门的设备和再生介质，使设备繁杂，能耗增加，这是限制吸附法广泛使用的原因之一。高浓度气体净化不宜采用吸附法。

用吸附法净化气体污染物，吸附设备为其吸附流程的核心组成部分。吸附设备可分为固定床吸附器、移动床吸附器、流化床吸附器等。

（五）催化转化法

采用化学反应的手段将气态污染物转化为无污染的物质，是气态污染物处理的主要手段。然而，在具体实践中，很多气态污染物必须在催化剂的作用下，才能完成化学反应，其原因大致可以概括为两大方面：一方面，有些气态污染物的化学反应必须在催化剂作用下才能发生；另一方面，有些废气中的气态污染往往由于污染物原始浓度不够高、反应的热效应不大等原因而达不到发生化学反应所要求的条件，必须借助催化剂进行吸收、吸附等作用，才能发生所需的化学反应。为此，人们研发了催化转化法，设计并制作了催化反应器，用来去除气态污染物。

（六）从排烟中去除二氧化氮（NO_2）的技术

从燃烧装置排出的氮氧化物主要以怕氧化氮（NO）形式存在。NO 比较稳定，在一般条件下，它的氧化还原速度比较慢。从排烟中去除氮氧化物（NO_x）的过程简称"排烟脱氮"。它与"排烟脱硫"相似，也需要应用液态或固态的吸收剂吸收或吸附剂吸附 NO_x 以达到脱氮目的。NO_x 不与水反应，几乎不会被水或氨所吸收。例如，NO 和 NO_2 是以等摩尔存在时（相当于无水亚硝酸 N_2O_3），则容易被碱液吸收，也可被硫酸所吸收生成亚硝酰硫酸（$NOHSO_4$）。

目前，"排烟脱氮"的方法主要有非选择性催化还原法、选择性催化还原法、吸收法等。

（七）氟化物的治理技术

随着炼铝工业、磷肥工业、硅酸盐工业及氟化学工业的发展，氟化物引起的的污染问题越来越严重，由于氟化物易溶于水和碱性水溶液中，因此去除气体中的氟化物一般多采用湿法。但是湿法的工艺流程及设备较为复杂，又出现了用干法从烟气中回收氟化物的新工艺。此外，还有用水吸收氟化物后再用石灰乳中和的方法、用硫酸钠（Na_2SO_3）水溶液为吸收剂的吸收法、用氟硅酸溶液吸收烟气中氟化氢和氟化硅的方法等。

五、汽车尾气控制技术

汽车排放的污染物不仅与燃料性质有关，还和燃烧方式有关。影响污染物产生的最重要因素是燃烧时的空燃比，汽油内燃机中 NO、CO 和碳氢化合物（HC）的浓度与空燃比的大小有密切关系，具体如下：第一，污染物随着空燃比的变大而减少，但当空燃比约大于 17 时，过贫燃料的混合气就不易着火，影响发动机的稳定工作，导致未燃的 HC 急剧增大。第二，在空燃比过小的富燃料条件下，由于缺氧，NO 减少而 CO 和 HC 增加。第三，采用较贫的混合气燃烧时，则 NO 适中，HC 和 CO 较少。第四，冷发动机启动时，因系统温度低必须增加供油量，处于富燃料状态，致使 CO 和 HC 浓度增大。第五，发动机达到最大功率在理论空燃比下工作时，NO 浓度达最大值。

由此可见，机动车尾气的排放控制十分复杂和困难，其主要技术可归纳为源头控制技术和尾气后处理技术。源头控制技术主要包括燃料处理技术和机内净化技术，而尾气后处理技术指的是尾气机外净化技术。

（一）燃料处理技术

燃料处理是指对进入汽缸前的燃料进行预先处理，以期减少汽缸工作过程中产生的有害排放物。它可以在不改变或较少改变发动机的情况下，减少尾气中污染物的含量，是一种理想的净化措施。一般包括对现用燃料的处理和采用代用燃料两种方法。

现用燃料的处理，主要包括减少汽油中的含铅量和在汽油中加入一定比例的清洁剂等措施。废气中的铅蒸气不仅对人体健康有很大的危害，而且还可使汽车所带的机外净化器中毒失效而影响净化效果。

采用代用燃料不仅能改善发动机的燃烧效率，还可改善排放污染物的排放特性。可用的液体代用燃料包括甲醇、乙醇等具有较高辛烷值的醇类燃料，气体代用燃料则包括氢气、液化石油气和压缩天然气等，这些气体辛烷值高，抗爆性也好，燃烧后排放的一氧化碳和氮氧化物含量能减少 50% 左右，基本无烟。

（二）机内净化技术

机内净化技术是从尾气污染物的生成机理出发，对燃烧方式进行控制或对发动机进行改进来控制燃烧过程，使产生的有害排放物的量尽可能小或使排放出的废气尽可能无害，这是汽车尾气净化的根本方法。一般包括分层燃烧、稀混合气燃烧技术以及控制燃烧条件的其他技术。

1. 分层燃烧技术

分层燃烧的实质是采用上述的富贫燃烧原理，使进入汽缸内的混合气实现浓度的依次分层。在燃烧室内，空燃比为 12～13.5 的浓混合气聚积在火花塞周围，因其易于点燃以确保可靠的着火条件，而其余大部分区域充满稀混合气，使总的平均空燃比保持在 18 以上的较贫燃烧条件。汽油机工作时，火花塞首先点燃浓混合气，然后利用燃烧后产生的高温、高压和气流运动，使火焰迅即向稀混合气区域传播和扩散，从而保证稳定地燃烧。由于采取缺氧的过浓燃烧和大空气量的过稀燃烧，分层燃烧降低了燃烧温度，使得 NO_x 降低；贫燃区域氧量充分、混合良好，使得 CO 减少，HC 的排放受到抑制。为了进一步降低污染物的排放，分层燃烧系统通常与废气再循环和尾气净化装置配合使用。

2. 稀混合气燃烧技术

稀混合气燃烧技术用于现有汽油机的改造，通过对原燃烧室的结构略做变动，改善混合气的形成和分配，使平均空燃比提高到 20 以上，从而达到稀混合气的稳定燃烧，以提高发动机的经济性和减少排污。可通过以下两种方法实现该燃烧技术：一种是在汽缸盖上增设副燃烧室；火花塞位于主燃烧室和副燃烧室的连接通道处，压缩过程中的均匀稀混合气从主燃烧室进入副室，在那里燃烧后再以火焰喷流形式喷向主燃烧室。第二种方法是在一个燃烧室内设置两个火花塞，同时点火使其燃烧，以增大整体燃烧速率。

3. 控制燃烧条件的其他技术

控制燃烧条件的其他技术通常包括采用汽油喷射技术、改进点火系统和废气再循环等措施。采用电控喷射系统，可以按照发动机的运转工况精确控制混合气的空燃比，以实现发动机的低排放水平；延长火花持续时间或采用高能点火系统等措施，可增大点火能量和扩大着火范围，以实现稀混合气稳定燃烧，有利于减少 CO 和 HC 的排放；废气再循环是将一部分废气从排气管引入进气系统，可以降低燃烧温度，有效抑制 NO_x 的生成，但废气的再循环率一般应小于 20%，否则汽油机的工作性能会急剧恶化。

（三）机外净化技术

机外净化技术是指汽车排出的废气在进入大气前，通过敷设在发动机外部的装置对其进行净化处理，使废气中的有害成分含量进一步降低。尾气净化的方法包括空气喷射、热反应器和催化净化反应器等，具体如下：

1. 空气喷射

在排气门出口注入新鲜空气，使高温尾气中的 CO 和 HC 与空气混合而被燃烧净化。该法喷射的空气要适量，过多会使排气冷却降温，达不到净化效果。此方法常与下面两种方法结合使用。

2. 热反应器

热反应器是在排气管出口上设置的一个促进氧化反应的绝热装置，具有保温措施、比排气直接排出时更长的流动路径，而且具有使气体在其中进一步均匀混合的功能。尾气进入热反应器后，在有充分的氧气条件下，CO 和 HC 生成 CO_2 和 H_2O，温度在 600℃ 以上时，净化效率很高。

3. 催化净化反应器

催化净化反应器是安装在汽车排气管尾部的催化装置，通常包括氧化催化反应器和三元催化反应器，其采用的净化技术如下。

（1）一段净化法

在汽车排气管尾部安装一个催化燃烧装置。利用装在汽车排气管尾部的催化燃烧装置，将汽车尾气中的 CO 和碳氢化合物，用空气中的氧气氧化成 CO_2 和 H_2O，净化后的尾气直接排入大气。

（2）二段净化法

二段净化法又称为催化氧化还原法。利用两个催化反应器组成的二段催化净化装置，完成净化反应。由汽车发动机排出的尾气先通过第一段催化反应器（还原反应器），利用废气中的 CO 将 NO_x 还原成 N_2；废气再进入第二段反应器（氧化反应器），在导入空气的条件下，将剩余的 CO 和碳氢化合物氧化成 CO_2 和 H_2O。

（3）三元催化法

利用三元催化剂同时实现氧化 CO+碳氢化合物（C_xH_y）和还原 NO_x 的过程。采用这种方法可节省燃料、简化装置，但须严格控制空燃比，并要有高性能的催化剂。三元催化转换器由外壳和内芯组成。内芯是浸渍有催化剂的载体，其中铂（Pt）主要起到催化 CO 和 C_xH_y 的氧化反应，铑（Rh）主要起到催化 NO_x 的还原反应，载体为特种陶瓷，其中 Pt/Rh 为 5：1 左右。催化转换器的寿命一般在 10 万千米以上，催化剂失效后，可以回收其中的贵金属。

第二节　水污染及其处理

自然界的水循环是由自然循环和社会循环所构成的二元动态循环组成的。所谓水的社会循环是指人类生活和生产从天然水体中取用大量的水，在利用以后产生生活污水和工业废水等，又排放到天然水体中去的循环过程。在这个循环过程中水受到了污染。

一、水污染的定义及其来源

水环境污染是指排入天然水体的污染物，在数量上超过了该物质在水体中的本底含量和水体环境容量，从而导致水体的物理特征和化学特征发生不良变化，破坏了水中固有的生态系统，破坏了水体的功能及其在经济发展和人民生活中的作用。为了确保人类生存的可持续发展，人们在利用水的同时，还必须有效地防治水环境的污染。

造成水污染的因素是多方面的，但主要是由于人类的生产和生活活动所产生的污水排入江河、形成地表径流或渗入地下所造成的。污水的来源为生活污水、工业废水和农村废水，此外大气中含有的污染物随降雨进入地表水体，也是水污染的主要来源，如酸雨。

二、主要的水环境污染物

造成水体污染的污染源有多种，不同污染源排放的污水、废水具有不同的成分和性质，但其所含的污染物主要有以下几类。

（一）悬浮物

悬浮物主要指悬浮在水中的污染物质，包括无机的泥沙、炉渣、铁屑，以及有机的纸片、菜叶等。水力冲灰、洗煤、冶金、屠宰、化肥、化工、建筑等工业废水和生活污水中都含有悬浮状的污染物，排入水体后除了会使水体变得浑浊，影响水生植物的光合作用以外，还会吸附有机毒物、重金属、农药等，形成危害更大的复合污染物沉入水底，日久后形成淤积，会妨碍水上交通或减少水库容量，增加挖泥负担。

（二）耗氧有机物

生活污水及食品工业、造纸工业等工业废水中含有大量的碳水化合物（糖、纤维素等）、蛋白质油脂、氨基酸、酯类等有机物。这些物质以悬浮状态或溶解状态存在于污水中，可通过微生物的生化作用分解为简单的无机物，在分解过程中需要消耗大量的氧，从而使水中溶解氧减少，影响鱼类和其他水生生物的生长。当水中溶解氧降至 4mg/L 以下时，将严重影响鱼类的生存；当溶解氧降至零时，有机物将进行厌氧分解，产生硫化氢、氨和硫醇等难闻气体，使水质进一步恶化。由于气体上浮，有机质堆积物也被带到水面，造成水体变黑发臭，而且阻止空气进入水中。耗氧有机物的污染是当前我国最普遍的一种水污染。由于有机物成分复杂、种类繁多，一般用综合指标生物需氧量（BOD）、化学需氧量（COD）或总有机碳（TOC）等表示耗氧有机物的量。清洁水体中五日生物需氧量（BOD_5）含量应低于 3mg/L，BOD_5 超过 10mg/L 则表明水体已经受到严重污染。

（三）植物性营养物

植物性营养物主要指含有氮、磷等植物所需营养物的无机、有机化合物，如氨氮、硝酸盐、亚硝酸盐、磷酸盐和含氮、磷的有机化合物。这些污染物排入水体，特别是流动较缓慢的湖泊、海湾，容易引起水中藻类及其他浮游生物的大量繁殖，形成富营养化污染，除了会使自来水处理厂运行困难，造成饮用水的异味外，严重时也会使水中溶解氧下降，鱼类大量死亡，甚至会导致湖泊的干涸枯竭。特别应注意富营养化水体中有毒藻类（如微囊藻类）会分泌毒性很强的生物毒素，如微囊藻毒素，这些毒素是很强的致癌毒素，而且在净水处理过程中很难去除，对饮用水安全构成了严重的威胁。

（四）有毒的有机污染物

近年来，水中有毒有机污染物造成的水污染问题越来越突出。主要来自人工合成的各种有机物质，包括有机农药、化工产品等。农药中有机氯农药和有机磷农药危害很大。有机氯农药（如滴滴涕、六六六等）毒性大、难降解，并会在自然界积累，造成二次污染，已禁止生产与使用。现在普遍采用有机磷农药，种类有敌百虫、乐果、敌敌畏、甲基对硫磷等，这类物质毒性大，也属于难生物降解有机物，并对微生物有毒害和抑制作用。人工合成的高分子有机化合物种类繁多、成分复杂，使城市污水的净化难度大大增加。在这类物质中已被查明具有三致作用（致癌、致突变、致畸形）的物质有聚氯联苯、联苯胺、稠环芳烃等，多达 20 余种，疑致癌物质也超过 20 种。

（五）重金属

很多重金属（汞、镉、铅、砷、铬等）都对生物有显著毒性，且能被生物吸收后在生物体内富集，并通过食物链进入人体造成慢性中毒或严重疾病。例如，发生在日本水俣湾的水俣病就是由于甲基汞破坏了人的神经系统而引起的；发生在日本神通川的骨痛病则是镉中毒破坏了人体骨骼内的钙质，进而发病。这两种疾病最终都会导致人的死亡。

（六）热污染

废水排放引起水体的温度升高，被称为热污染。热电厂的冷却水是热污染的重要来源。热污染会使水中溶解氧减少，加速微生物的代谢，导致水体的自净能力降低，使水体中的某些毒物的毒性增强。热污染还会影响水生生物的生存及水资源的利用价值，甚至引起鱼的死亡和水生生物种群的改变。

（七）病原微生物

生活污水、医院污水和屠宰、制革、洗毛、生物制品等工业废水，常含有病原体，会传播霍乱、伤寒、胃炎、肠炎、痢疾以及其他病毒传染的疾病和寄生虫病。污水生物性质的检测指标一般为总大肠菌群数、细菌总数和病毒等。水中存在大肠菌，就表明该污水受到粪便污染，并可能有病原菌及病毒的存活。水中常见的病原菌有志贺氏菌、沙门氏菌、大肠杆菌、小肠结炎耶尔森氏菌、霍乱弧菌、副溶血性弧菌等，已被检出的病毒有 100 余种。由水中病原微生物导致的大范围的人群感染引起了各国对病原微生物污染的高度重视，各个国家都加强了针对旨在控制病原微生物的环境标准的制定，以保障水质的卫生学安全。

除上述七类污染物之外，酸碱类物质、石油类物质、放射性物质也是造成水污染的主要物质。

水污染对人类生产和生活的危害极其巨大，它可能严重影响人的健康、加剧缺水状况、对农作物产生危害、影响渔业生产的产量和质量、制约工业的发展、加速生态环境的退化和破坏、造成较大的经济损失等。

三、污水处理方法

污水处理的目的就是将污水中的污染物以某种方法分离出来，或将其分解转化为无害稳定物质，从而使污水得到净化。一般要达到防止毒害和病菌传播，除掉异臭和恶感才能满足不同要求。污水处理技术按其作用原理可分为物理处理法、化学处理法和生物处理法，处理方法的选择必须考虑到污水的水质和水量、用途或排放去向等。

（一）物理处理法

通过物理作用分离、回收污水中不溶解的呈悬浮状的污染物质（包括油膜和油珠），在处理过程中不改变其化学性质。物理法操作简单、经济，具体方法有沉淀法、过滤法、气浮法、离心分离法等。

（二）化学处理法

污水处理的化学法具体是指向污水中投加化学试剂，利用化学反应来分离、回收污水中的污染物质，或将污染物质转化为无害的物质。常用的化学方法有沉淀法、混凝法、中和法、氧化还原法等。这里仅对氧化还原法进行简要讨论。该方法具体是指利用高锰酸钾、液氯、臭氧等强氧化剂或电极的阳极反应将废水中的有害物质氧化分解为无害物质或利用铁粉等还原剂或电极的阴极反应，将废水中的有害物质还原为无害物质的方法。臭氧氧化法对污水进行脱色、杀菌和除臭处理，空气氧化法处理含硫废水，还原法处理含铬电镀废水等，都是氧化还原法处理废水的实例。

（三）物理化学处理法

利用萃取、吸附、离子交换、膜分离技术、气提等操作过程，处理或回收利用工业废水的方法称为物理化学法。工业废水在应用物理化学法进行处理或回收利用之前，一般均须先经过预处理，尽量去除废水中的悬浮物、油类等杂质，并调整废水的酸碱值（pH值），以便提高回收效率及减少损耗。具体实际中常用的物理化学处理法有如下几类。

1. 吸附法

利用多孔性的固体物质，使污水中的一种或多种物质被吸附在固体表面而去除的方法。常用的吸附剂有活性炭和焦炭等。吸附法主要用于脱色、除臭、脱除重金属和各种溶解性有机物及放射性元素等。吸附法既可以作为离子交换、膜分离等方法的预处理手段，也可以作为废水深度处理方法。常用的吸附设备有固定床、移动床和流动床三种方式。

2. 离子交换法

不溶性离子化合物（离子交换剂）上的交换离子与溶液中同性离子的交换反应，是一种特殊的吸附过程，通常是可逆性化学吸附。离子交换法是水处理中软化和除盐的主要方法之一，在污水处理中，主要用于去除污水中的金属离子。离子交换剂分为无机和有机两大类。无机离子交换剂包括天然沸石、合成沸石、锆等，是一类硅质的阳离子交换剂，成本低，但不耐酸碱。有机离子交换剂包括磺化煤和各种离子交换树脂。目前在水处理中广泛使用的是离子交换树脂。

3. 萃取法

将不溶于水的溶剂投入污水中，污水中的污染物质溶于溶剂中，然后利用溶剂与水的密度差，将溶剂分离出来。再利用溶剂与污染物质的沸点差，将污染物质蒸馏回收，再生后的溶剂可循环使用。

4. 膜工艺

膜分离是利用物质透过一层特殊膜的速度差而进行分离、浓缩或脱盐的一种分离过程。膜特殊的结构和性能使其具有对物质的选择透过性，在膜分离过程中不伴随相变，不用加热，可节约能源，投资省，设备结构紧凑，效能高，占地面积小，操作稳定，适宜于连续化生产，有利于实现自动控制。常用的膜分离过程有超滤、反渗透、电渗析等。近年来，膜分离技术发展很快，在水和废水处理、化工、医疗、轻工、生化等领域得到广泛应用。

除了上述四种方法之外，生物处理法也是污水处理常用的方法之一。所谓生物处理法，具体是指利用微生物的新陈代谢功能，使溶解于污水中或处于胶体状态的有机污染物被降解并转化为无害物质，从而使废水得以净化的方法。在具体实际中，常用的生物处理法有好氧生物处理法和厌氧生物处理法两类。

四、水体污染的"三级控制"模式

按水污染的控制的实际工作流程、水污染的检测方法，水污染的控制模式确立为"三级控制"模式。

(一) 源头管控 (一级管控)

所谓源头管控就是从污染源着手处理污染问题，主要是应用法律的强制措施、政策的指引、企业处理污水技术的提升以及通过教育活动等方法，对各种污染源头分别管理，综合治理污染现象，起到防患于未然的作用，从而可以减少污染物的排放量。农村面源和工业污染源是污染源头控制的重点。

(二) 集中管控 (二级管控)

在大型工业园区，工厂企业林立，城市人口密度集中的区域，生活和活动的人口密集，对于这些区域采用源头管理的办法是不够科学的。最好的办法是建立大规模的污水处理中心，有计划、有步骤地处理污染水域。虽然大规模处理厂的占地面积少，处理十分高效，但是工程投资较大，同时应该更换那些陈旧的排水管道，适当改造已有的雨水/污水合流系统，努力实现雨污分流。

（三）最终处理（三级管控）

我们对尾水处理应当仔细辨别，不要疏漏任何一种污染物，甚至是微量元素。在发达国家微量有毒元素引起的污染日益得到重视，因为城市污水处理所需投资巨大，这就使得经济条件较为落后的国家在城市治理污染方面相当被动。城市尾水中实际上含有大量未经任何处理的污水。因此，在排入清水系统之前，加强对污水出口把控尤为重要。三级深度处理的推广比较困难，深度处理虽然可以进一步解决城市尾水的处置问题，但是高昂的费用阻碍着技术的推广。

完成"三级控制"基本达到了对污水的处理，这是一条完整的路线，从污染的源头到末尾的持续跟踪管控，在控制过程中，实行清污分流，污水禁排清水水域，从而永久地保障了水域系统的安全。

最后需要特别强调的是，应十分注意工业废水处理与城市污水处理的关系。对于含有酸碱、有毒物质、重金属或其他特殊污染物的工业废水，一般应在厂内就地进行局部处理，使其能满足排放至水体的标准或排放至城市下水道的水质标准。那些在性质上与城市生活污水相近的工业废水则可优先考虑排入城市下水道与城市污水共同处理，单独对其设置污水处理设施不仅没有必要，而且不经济。城市废水收集系统和处理厂的设计，不仅应考虑水污染防治的需要，同时应考虑到缓解资源矛盾的需要。在水资源紧缺的地区，处理后的城市污水可以回用于农业、工业或市政，成为稳定的水资源。为了适应废水回用的需要，其收集系统和处理厂不宜过分集中，而应与回收目标相接近。

第三节　固体废物污染及其处置和利用

一、固体废物的定义、来源与分类

所谓固体废物，具体是指在生产、生活、消费等一系列活动中污染环境的固态、半固态废弃物质。其中包括从废气中分离出来的固体颗粒、垃圾、炉渣、废制品、破损器皿、残次品、动物尸体、变质食品、污泥、人畜粪便等。人类在其生产过程、经济活动、日常生活中无时无刻不产生固体废物，而且其数量在不断增长。

固体废物来源于人类生产和生活的很多环节，种类繁多，按其化学性质，可分为有机废物和无机废物；按其危害程度，可分为危险废物与一般废物；按其产生源，可分为城市固体废物、工业固体废物、矿业固体废物、农业固体废物及放射性固体废物五类。固体废物又分为城市生活垃圾、工业固体废物和有害废物三种，详述如下。

（一）城市固体废物

城市固体废物又称为城市生活垃圾，它所指的是城市人群在日常生活中或为城市日常生活提供服务的活动中产生的固体废物，其主要成分包括厨余垃圾、废纸、废塑料、废金属、废玻璃陶瓷碎片、废砖瓦渣土、废家具、废家用电器以及庭园废物等。粪便和废水处理过程中产生的污泥也应按城市固体废物考虑。城市固体废物主要产生自城市居民的家庭、商业、餐饮业、服务业、旅馆业、市政环卫业、交通运输业、文教卫生业以及行政事业单位等。城市固体废物的特点是成分复杂、有机成分含量高。影响城市固体废物成分的主要因素有居民生活水平、生活习惯、季节和气候条件等。

（二）工业固体废物

工业固体废物是指在工业、交通等生产过程中产生的固体废物。工业固体废物主要包括冶金工业固体废物、能源工业固体废物、石油化学工业固体废物、矿业固体废物、轻工业固体废物、其他工业固体废物等。

（三）有害废物

有害废物又称危险废物，泛指除放射性废物以外，具有毒性、易燃性、反应性、腐蚀性、爆炸性、传染性，因而可能对人类的生活环境产生危害的废物。这部分废物主要包括医疗垃圾，有毒工业垃圾，有腐蚀、污染性的工业废液，含较高重金属成分的固体废物等。

固体废物，特别是有害废物对环境造成的危害可能要比废水、废气造成的危害严重得多。例如，"白色污染"已经遍及全国各地，垃圾发出的恶臭令人生厌。同时固体废物的不适当堆置还会破坏周围的自然景观。

二、典型固体废物的处理、处置及利用

处理、处置和利用固体废物对维持国家的持续发展有着重要意义。其基本原则是：减量化、资源化和无害化。减量化是采取合理的工艺和方法，在生产过程中减少固体废物的产生量，实行清洁生产。资源化是采取合理的工艺和方法，从固体废物中回收有用的物质和能源。无害化是通过工程处理使固体废物达到不危害人体健康、不污染环境的过程。接下来，我们针对几类典型的固体废物的处理、处置及利用展开讨论。

（一）粉煤灰利用

粉煤灰是燃煤锅炉产生的固体废物，是我国当前产量较大的工业废渣之一。我国粉煤灰主要应用在建筑材料、土建工程领域。详述如下：

1. 粉煤灰做建筑材料

粉煤灰中含有大量的二氧化硅（SiO_2）（40%～60%）和氧化铝（Al_2O_3）（15%～40%），具有一定的活性，可以作为建材的原料。粉煤灰做建筑材料，是我国大宗利用粉煤灰的途径之一，占总用灰量的30%左右。粉煤灰水泥又叫粉煤灰硅酸盐水泥，它是由硅酸盐水泥熟料和粉煤灰，加入适量石膏磨细而成的水硬胶凝材料。粉煤灰中含有大量活性Al_2O_3、SiO_2和氯化钙（CaO），当其掺入少量生石灰和石膏时，可生产无熟料水泥，也可掺入不同比例熟料生产各种规格的水泥。粉煤灰水泥中粉煤灰的加入量为20%～30%。

2. 粉煤灰做土建原材料和填充土

粉煤灰能代替砂石、黏土用于高等级公路路基、修筑堤坝。其用作路坝基层材料时，掺和量高、吃灰量大，且能提高基层的板体性和水稳定性。粉煤灰可以代替砂石回填矿井，代替黏土复垦洼地。煤矿区因采煤塌陷，形成洼地，利用坑口的粉煤灰对煤矿区的煤坑、洼地、塌陷区进行回填，既能降低塌陷程度，吃掉大量灰渣，还能复垦造田，减少农户搬迁，改善矿区生态。例如，淮北电厂多年来用粉煤灰造地近 4.67 km^2，发展种植养殖业，取得了良好的经济、社会和环境效益。矿山尾砂复垦时，须考虑复垦层的结构和表层土壤的理化性质，改善其通气通水性能。粉煤灰可以调节粗粒尾砂的级配，改善黏土质尾砂的通水通气性能。除此之外，利用粉煤灰回填地下井坑，不仅能节约大量水泥，减轻地下荷载，而且可以防火堵火等。

3. 粉煤灰在农业中的应用

粉煤灰具有质轻、疏松多孔的物理特性，还含有磷、钾、镁、硼、钼、锰、钙、铁、硅等植物所需的元素，具有改良土壤、提高土壤肥力、防病抗旱、增产等作用，因而广泛应用于农业生产。

(二) 污泥的处理与处置

污泥的处理与处置方法主要包括以下几类:

1. 污泥的调理

污泥的调理是提高污泥浓缩、脱水效率的一种预处理方法。主要有化学调节法、淘洗法、热处理法和冷却法四种。以下重点讨论前两种调理方法。

(1) 化学调节法

化学调节法就是在污泥中加入适量的助凝剂、混凝剂等化学药剂,使污泥颗粒絮凝,改善污泥的脱水性能。助凝剂的主要作用在于提高混凝剂的混凝效果。常用的助凝剂有硅藻土、珠光体、酸性白土、锯屑、污泥焚烧灰、电厂粉尘及石灰等惰性物质。混凝剂的主要作用是通过中和污泥胶体颗粒的电荷和压缩双电层厚度,降低粒子和水分子的亲和力,使污泥颗粒脱稳,改善其脱水性。常用的混凝剂包括无机混凝剂和高分子聚合电解质两类。无机混凝剂有铝盐和铁盐,高分子聚合电解质有聚丙烯酯胶和聚合铝等。化学调节的关键是化学药品的选择和投药量的确定,以上这些通常通过实验室试验来确定。

(2) 淘洗法

污泥的淘洗法是将污泥与 $3\sim4$ 倍污泥量的水混合后再进行沉降分离。污泥的淘洗仅适用于消化污泥的预处理,目的在于降低碱度、节省混凝剂用量、降低机械脱水的运行费用。淘洗可分为一级淘洗、二级淘洗或多级淘洗,淘洗水用量为污泥量的 $3\sim5$ 倍。经过淘洗的污泥,碱度可从 $2000\sim3000$mg/L 降至 $400\sim500$mg/L,可节省 $50\%\sim80\%$ 的混凝剂。淘洗过程是:泥水混合-淘洗-沉淀。三者可以分开进行,也可在合建的同一池内进行。如果在池内辅以空气搅拌或机械搅拌,可以提高淘洗效果。

2. 污泥浓缩

污泥浓缩是指通过污泥增稠来降低污泥的含水率并减小污泥的体积。其主要有重力浓缩、离心浓缩和气浮浓缩三种方法。工业上主要采用后两种,中、小型规模装置多采用重力浓缩。

3. 污泥的利用

污泥中有许多有用的物质,可通过以下途径加以利用。

(1) 建筑材料

污泥焚烧灰掺加黏土和硅砂可用来制砖,或在剩余活性污泥中加进木屑、玻璃纤维压制板材;以无机物为主要成分的沉渣,可用来铺路和填坑。

（2）农肥

把有机污泥用作肥料和土壤改良剂是污泥处置的重要方法之一。城市污水处理厂产生处理后的生物污泥，尤其是经消化处理后的污泥含有各种肥分，施用后可增加农作物产量，增大土地肥力。

（3）沼气

有机污泥经过厌氧发酵分解后产生的沼气，可作为能源。此外，污泥中蛋白质可做饲料或从中提取维生素 B_{12}、维生素 A 和维生素 B 等化学药物。

（4）回收污泥中有用的物质

利用化学沉淀法去除废水中重金属而产生的污泥，可通过酸化回收金属盐。

（三）城市垃圾的利用与处置

城市垃圾指的是城镇居民生活活动中废弃的各种物品，包括生活垃圾、商业垃圾、市政设施和房屋修建中产生的垃圾或渣土等。我国城镇垃圾的产量大，无害化处理率低。为防止城镇垃圾污染，保护环境和人体健康，处理、处置和利用城镇垃圾具有重要意义。

1. 城市垃圾的资源化处理

（1）物资回收

城市垃圾成分复杂，要想实现资源化利用，必须先对垃圾进行分类。近年来，中国不少城市也在推行垃圾分类收集工作。由于垃圾中有很多可作为资源利用的组分，有目的地分选出需要的资源，可以达到充分利用垃圾的目的。凡是可用的物质如旧衣服、废金属、废纸、玻璃、旧器具等均可由物资公司回收。无法用简单方法回收的垃圾，可根据垃圾的化学和物理性质如颗粒大小、密度、电磁性、颜色进行分选。垃圾分选方法有手工分选、风力和重力分选、筛选、浮选、光分选、静电分选和磁力分选等。

（2）热能回收

利用焚烧法处置垃圾的过程中会产生相当数量的热能，垃圾中纸与塑料含量高，因而有较高的热值，可作为煤的辅助燃料。现代化的垃圾焚烧厂一般都附有发电厂或供热动力站。城镇垃圾的焚烧温度一般在 $800\sim1000℃$，所以各国普遍采用马丁炉等固定式焚烧炉和流化床焚烧炉（沸腾炉）。近年来，利用热解技术处理垃圾，可使尾气排放达到标准。焚烧被列为二噁英的主要工业来源，新建或翻新的焚烧炉均须利用现存最佳技术（BAT），从长远看，焚烧应被其他方法取代。中国城市垃圾的焚烧处理尚不普及，主要是因为焚烧装置费用高，又易造成二次污染等。目前，焚烧多用于处理少量的医院（特别是传染病医院）垃圾。

2. 城市垃圾的其他无害化处理

（1）用城镇垃圾堆肥

指垃圾中的可降解有机物借助于微生物发酵降解的作用，使垃圾转化为肥料的方法。在堆肥过程中，微生物以有机物做养料，在分解有机物的同时放出生物热，其温度可达50～55℃，在堆肥腐熟过程中能杀死垃圾中的病原体和寄生虫卵。

（2）城镇垃圾制沼气

利用有机垃圾、植物秸秆、人畜粪便和活性污泥等制取沼气，是替代不可再生资源的途径。制取沼气的过程可杀死病虫卵，有利于环境卫生，沼气渣还可以提高肥效。因而，利用城镇垃圾制沼气具有广泛的发展前途。

（3）城镇垃圾的卫生填埋

卫生填埋是处置城市垃圾的最基本的方法之一。由于填埋场占地大，因此该方法只应用于处理无机物含量多的垃圾。垃圾卫生填埋场关闭后，只有待其稳定（一般约20年时间）之后，才可以将其作为运动场、公园等的场地使用，但不应该成为人们长期活动的建筑用地。

第四节　噪声污染及其控制

随着工业、交通的高度发展和城市人口的迅猛膨胀，噪声已经成为现代城市居民每天感受到的公害之一。各大城市因噪声而触发的诉讼案件屡见不鲜。

一、噪声污染的定义及来源

凡是不需要、使人厌烦并干扰人们正常生活、工作和休息的声音都是噪声。可见，噪声不仅取决于声音的物理性质，而且与人类的生活状态有关。例如，听音乐会时，除演员和乐队的声音外，其他都是噪声；当想睡觉时，再悦耳的音乐也是噪声。噪声的强度可用声级（LA）表示，单位为分贝［dB（A）］。一般来说，声级在30～40dB（A）是比较安静的环境；超过50dB（A）就会影响睡眠和休息；70dB（A）以上干扰人们的谈话，使人心烦意乱，精力不集中；而长期工作或生活在90dB（A）以上的噪声环境，会严重影响听力和导致其他疾病的发生。

噪声主要来源于交通运输、工业生产、建筑施工和社会生活。详述如下。

（一）交通运输噪声

交通运输工具，如火车、汽车、摩托车、飞机、轮船等，在行驶时都会产生噪声。这些噪声源具有流动性、干扰范围大等特点。近年来，随着城市机动车辆剧增，交通运输噪声已经成为城市的主要噪声源。

（二）工业噪声

工业噪声是指工业企业在生产活动中使用的生产设备或者辅助设备通过机械振动、摩擦振动以及气流扰动产生的噪声。工业噪声分为机械性噪声（由机械的撞击、摩擦、固体的振动和转动而产生的噪声）、空气动力性噪声（由空气振动而产生的噪声）、电磁性噪声（由电机中交变力相互作用而产生的噪声）三种。工业噪声不仅给工人带来危害，对附近居民的影响也很大。不同的工厂噪声的污染情况也不一样，比如对水泥厂来说，它的噪声产生的原因主要有三类，分别为空气动力性噪声、机械性噪声、电磁原件噪声。其中破碎机的噪声可以达到 $95\sim110dB$（A），生料磨的噪声可以达到 $100\sim112dB$（A）。

（三）建筑施工噪声

建筑工地常用的打桩机、推土机、搅拌机、挖掘机等都会产生噪声，数值在 $80dB$（A）以上。随着我国城市现代化建设和人口骤增，城市的建筑施工场地很多，因此，建筑施工噪声的污染相当严重。

（四）社会生活噪声

社会噪声是指人为活动所产生的除工业噪声、建筑施工噪声和交通运输噪声之外的干扰周围生活的声音。主要是商业、娱乐、体育、游行、庆祝、宣传等活动产生的噪声。

事实上，人们遇到的社会生活噪声远不止这么多，在人口稠密的城市里，在活动范围狭小的空间里，所有能够产生声响的活动如果不注意控制音量，不管时间和地点都有可能成为影响他人的社会生活噪声。

大量的研究与实践经验表明，噪声具有主观性、局限性、分散性、暂时性等特征。噪声污染是环境污染的一种，对人类的危害极大，主要表现为干扰睡眠、干扰语言交流、损伤听觉、危害人体的生理和心理健康、影响儿童和胎儿发育、影响动物生长、损害建筑物等。

二、噪声的控制

噪声在传播过程中有三个要素，即声源、传播途径和接受者。只有当声源、传播途径和接受者三个因素同时存在时，噪声才会对人造成干扰和危害，因此，控制噪声必须考虑这三个因素。

（一）声源控制技术

控制噪声的根本途径是对声源进行控制。控制声源的有效方法是降低辐射声源声功率，可以采用以下措施。

（1）选用内阻尼大、内摩擦大的低噪声新材料。

（2）改进机器设备的结构，提高加工精度和装配精度。

（3）改善或者更换动力传递系统和采用高新技术，对工作机构从原理上进行革新。

（4）改革生产工艺和操作方法。

（二）控制噪声的传播途径

吸声降噪是一种在传播途径上控制噪声强度的方法。当声波入射到物体表面时，部分入射声能被物体表面吸收而转化成其他能量，这种现象称为吸声。物体的吸声作用是普遍存在的，吸声的效果不仅与吸声材料有关，还与所选的吸声结构有关。相同的机器，在室内运转与在室外运转相比，其噪声更强。这是因为在室内，我们除了能听到通过空气介质传来的直达声外，还能听到从室内各种物体表面反射而来的混响声。混响声的强弱取决于室内各种物体表面的吸声能力。光滑坚硬的物体表面能很好地反射声波，增强混响声；而像玻璃棉、矿渣棉、棉絮、海草、毛毡、泡沫塑料、木丝板、甘蔗板、吸声砖等材料，能把入射到其上的声能吸收掉一部分，当室内物体表面由这些材料制成时，可有效降低室内的混响声强度。这种利用吸声材料来降低室内噪声强度的方法称为吸声降噪。它是一种广泛应用的降噪方法，试验证明，一般可将室内噪声降低 5～8dB（A）。

消声器是一种既能使气流通过又能有效降低噪声的设备。通常可用消声器降低各种空气动力设备的进出口或沿管道传递的噪声，如在内燃机、通风机、鼓风机、压缩机、燃气轮机以及各种高压、高气流排放的噪声控制中广泛使用消声器。

隔声技术是噪声控制工程中常用的一种技术措施。对于空气传声的场合，可以在噪声传播途径中利用墙体、各种板材及构件将接受者分隔开来，使噪声在空气中传播受阻而不能顺利通过，以减少噪声对环境的影响，这种措施统称为隔声。对于固体传声，可以采用弹簧、隔振器以及隔振阻尼材料进行隔振处理，这种措施通称为隔振。隔振不仅可以减弱固体传声，同时可以减弱振动直接作用于人体和精密仪器而造成的危害。常用的隔声构件有各类隔声墙、隔声罩、隔声控制室及隔声屏障等。

（三）个人防护

当在声源和传播途径上控制噪声难以达到标准时，往往需要采取个人防护措施。在很多场合下，采取个人防护还是最有效、经济的方法，目前最常用的方法是佩戴护耳器。一般的护耳器可使耳内噪声降低 10～40dB（A）。护耳器的种类很多，按构造差异分为耳塞、耳罩和头盔。

第五节　其他环境污染及防治

一、电磁辐射污染及防治

（一）电磁辐射污染及其来源

当前，人类社会已全面进入电子信息时代，电子设备得到广泛应用，如无线通信、卫星通信、无线电广播、无线电导航、雷达、电子计算机、超高压输电网、变电站、短波与微波治疗仪等设备，特别是手机得到了极为广泛的应用。这一方面为人类造福，而另一方面电子设备都要不同程度地发射出不同波长和频率的电磁波，这些电磁波看不见，却有着强大的穿透力，而且充斥于整个人类活动的空间环境，成为一种新的"文明"的污染源，即危害人们健康的"隐形杀手"——电磁辐射污染。电磁辐射对人类生活环境和生产环境造成严重的污染，使人类健康受到危害。在联合国召开的全世界人类环境会议上，已经把微波辐射列入造成公害的主要污染物的"黑名单"。

电磁辐射污染源可分为自然污染源和人为污染源两大类。电磁辐射自然污染源是由某些自然现象所引发的，其中有雷电、火山喷发、地震以及太阳黑子活动所引发的磁暴等。在一般情况下，自然电磁辐射的强度对人类伤害影响都较小，即使雷电有可能在局部地区瞬间地冲击放电使人畜伤亡，但发生的概率极小。可以认定，自然电磁辐射能够对短波电磁造成严重的干扰，但是对人类并不构成严重的危害。人为电磁污染源主要包括如下几种：

1. 放电所致污染源

如电晕放电（高压输电线由于高压、大电流而引起的静电感应、电磁感应、大地泄漏电流）、辉光放电（白炽灯、高压水银灯及其他放电管）、弧光放电（开关、电气铁道、放电管的点火系统、发电机、整流装置等）、火花放电（电气设备、发动机、冷藏车、汽车等的整流器、发电机放电管、点火系统等）。

2. 工频交变电磁场源

如大功率输电线、电气设备、电气铁道的高压、大电流。

3. 射频辐射场源

如无线电发射机、雷达、高频加热设备热合机、微波干燥机、医用理疗机、治疗机等。

4. 建筑物反射

如高层楼群及大的金属构件。

在上述人工污染源中，射频电磁辐射是电磁辐射的主要污染源。射频场源所指的是频率变化介于 $0.1 \sim 3000 \text{mHz}$ 的，由无线电设备或射频设备运行过程中所产生的电磁感应和电磁辐射。

（二）电磁辐射污染的危害

电磁辐射污染造成的危害主要可以归纳为以下几个方面。

1. 电磁辐射对人体的伤害

电磁辐射对人体的伤害与波长有关，长波对人体的伤害较弱，而波长越短对人体的伤害越强，其中以微波对人体的伤害最为巨大。一般认为，微波辐射对内分泌和免疫系统产生作用，小剂量、短时间的照射，对人体产生的是兴奋效应，大剂量、长时间作用则会对人体产生不利的抑制效应。电磁对血液系统、生殖系统、遗传系统、中枢神经系统、免疫系统等的伤害极大。

2. 电磁辐射有治癌与致癌双重作用

微波对人体组织具有致热效应，能够用以进行人的理疗、治疗癌症，在微波的照射下，使癌细胞组织中心温度上升，从而使癌细胞的增殖遭到破坏。这是电磁辐射能够治疗癌症的一面。但是，电磁辐射还具有对人体致癌作用的另一面。

3. 移动电话电磁波污染造成的危害

移动电话是一种高频无线通信装置，其发射频率多在 800mHz 以上，而飞机上的导航系统最怕高频干扰，在飞行过程中若有旅客使用手机，就非常有可能导致飞机的电子控制系统出现误动，使飞机失控，发生重大事故，这样的惨剧国内外已发生过多起。

(三) 电磁辐射污染的防治

为了防止和抑制电磁干扰，目前，主要采取电磁兼容来减少电磁辐射，即在共同的电磁环境下，通过屏蔽、滤波、接地三种途径，使设备相互间不受干扰。

1. 控制电磁波源的建设和规模

在建设有强大电磁场系统的项目时，应组织专家论证，通过合理布局使电磁污染源远离居民稠密区，以加强损害防护；另外，限制电磁波发射功率，制定职业人员和居民的电磁辐射安全标准，避免人员受到过度辐射。

2. 做好电磁辐射防护工作

(1) 屏蔽保护

使用某种能够抑制电磁辐射扩散的材料，将电磁场源与其环境隔离开来，使辐射能限制在某一范围内，达到防止电磁污染的目的，这种技术手段称为屏蔽保护。电磁屏蔽保护装置一般为金属材料（如钢、铁、铝等金属）制成板或网结构的封闭壳体，亦可用涂有导电涂料或金属镀层的绝缘材料制成。一般来说，电场屏蔽用铜材为好，磁场屏蔽则用铁材。

(2) 吸收保护

吸收保护就是在近场区的场源外围敷设对电磁辐射具有强烈吸收作用的材料或装置，以减少电磁辐射的大范围污染。实际应用时可在塑料、橡胶、陶瓷等材料中加入铁粉、石墨和水等制成，如塑料板吸收材料、泡沫吸收材料等。

(3) 个人保护

需要操作人员进入微波辐射源的近场区作业，或因某些原因不能对辐射源采取有效屏蔽、吸收等措施时，必须采取个人防护措施以保证作业人员的人身安全。个人保护措施主要有穿保护服、戴保护头盔和防护眼镜等，并注意休息。

(4) 家庭生活中的防护

正确使用家用电器设备。一些易产生电磁波的家用电器如彩电、冰箱、空调、电脑等不集中放置，尽量避免将它们摆放在卧室；观看电视应保持适当距离，注意通风；并避免与带电磁场的电器长时间接触。此外，经常暴露在高压输电网周围或其他电气设备微弱电场的人，要注意定期检查身体，发现征兆及时治疗。必须长期处于高电磁辐射环境中工作的人需要多食用胡萝卜、豆芽、西红柿、油菜、海带、卷心菜、瘦肉、动物肝脏等富含维生素 A、维生素 C 和蛋白质的食物，以加强肌体抵抗电磁辐射的能力。

（5）加强区域控制

对工业集中，特别是电子工业集中的城市，以及电子、电气设备密集使用的地区，可以将电磁辐射源相对集中在某一区域，使其远离一般工业区或居民区，并应采用覆盖钢筋混凝土或金属材料的办法来衰减室内场强。对这样的地区还应设置安全隔离带，从而在较大范围内控制电磁辐射的危害。在安全隔离带做好绿化工作，减少电磁辐射的危害。同时要加强监测，尽量减少射频电磁辐射对周围环境的影响。

3. 加强电磁辐射污染的管理工作

尤其是在位于市区或市郊的卫星地面站、移动通信、无线寻呼及大型发射台站和广播、电视发射台、高压输变电设施等项目，要建立健全有关电磁辐射建设项目的环境影响评价及审批制度。

二、热污染及防治

热环境所指的是提供给人类生产、生活及生命活动的良好适宜的生存空间的温度环境。热污染就是人类活动影响和危害热环境的现象，也就是使环境温度反常的现象。从大范围来讲，人类活动改变了大气的组成，从而改变了太阳辐射的穿透率，造成全球范围的热污染，最严重的危害是"温室效应"的加剧，这将给地球的生态系统带来灾难性的影响。

（一）水体热污染及危害

不体热污染是向自然水体排放温热水导致水体升温，当水温升高至对水生生物的生态结构产生影响的程度时，就会使水体水质恶化，并影响到人类在生产、生活方面对水体的应用。

工业生产的冷却水是使水体遭受热污染的主要来源，其中主要是电力工业行业，其次则是冶金、化工、石油、造纸和机械行业。

水体遭受热污染，可能使水体的物理性质改变，使水体的生态系统及水生生物系统受到一系列的危害。鱼类生命活动适宜的温度范围是比较窄的，很小的温度波动都可能给鱼类的生命活动造成致命的伤害。温度是水生生物生命活动的基本影响因素，水的温的变化将会影响水生生物从排卵到卵的成熟等一系列环节。水温度上升，给一些致病的昆虫，如蚊子、苍蝇、蟑螂、跳蚤及其他能够传染疾病的昆虫以及病原体微生物提供了最佳的滋生繁衍条件和传播机会，使这些生物大量繁殖和泛滥，形成"互感连锁反应"，导致一些传染性疾病，如疟疾、登革热、血吸虫病、流行性脑膜炎等疾病的流行。

（二）城市热岛效应及其危害

由于城市人口集中，城市建设使大量的建筑物、混凝土代替了田野和植物，改变了地表的反射率和蓄热能力，形成了不同于周边地区的热环境，即热岛效应。热岛效应是城市气候最为明显的特征之一，它的表现特征是城区的气温显著高于周围的农村地区。城市热岛是随着城市化而出现的一种特异的局部气温分布现象。城市热岛给人们的身体健康和社会经济带来的损失是不容低估的，主要表现为促使光化学烟雾形成和加重了污染。

（三）热污染的防治

热污染即工农业生产和人类生活中排放出的废热造成的环境热化，损害环境质量，进而又影响人类生产、生活的一种增温效应。根据污染对象的不同，热污染可分为大气热污染和水体热污染。

1. 大气热污染的防治

增加自然下垫面的比例，大力发展城市绿化，营造各种城市绿岛是防治城市热岛效应的有效措施。绿地是城市自然下垫面的主要组成部分，它所吸收的太阳辐射能量一部分用于蒸腾耗热，一部分在光合作用中被转化为化学能储存起来，而用于提高环境温度的热量则大大减少，从而有效缓解城市热岛效应。加强工业整治及机动车尾气治理，限制大气污染物的排放，减少对城市大气组成的影响，同时调整能源结构，提高能源利用率，通过发展清洁燃料、开发利用太阳能等新能源，减少向环境中排放人为热。此外，还可以通过开发使用反射率高、吸热率低、隔热性能好的新型环保建筑材料，控制人口数量，增加人工湿地，加强屋顶和墙壁绿化，建设城市"通风道"，以及完善环境监察制度等来综合防治热岛效应。

对温室效应，一是要控制温室气体的排放，二是要增加温室气体的吸收。众所周知，若要减少温室气体的排放必须控制矿物燃料的使用量，为此，必须调整能源结构，增加核能、太阳能、生物能和地热能等可再生能源的使用比例。此外，还需要提高能源利用率，特别是发电和其他能源转换的效率以及各工业生产部门和交通运输部门的能源使用效率。保护森林资源，通过植树造林提高森林覆盖面积可以有效提高植物对二氧化碳的吸收量，同时加强二氧化碳固定技术的研究。二氧化碳可与其他化学原料发生许多化学反应，可将其作为碳或碳氧资源加以利用，用于合成高分子材料，所合成的材料具有完全生物降解的特性。

2. 水体热污染的防治

水体热污染的主要污染源是电力工业排放的冷却水，要实现水域热污染的综合治理，首先要控制冷却水进入水体的质和量。火电厂、核电站等工业部门要改进冷却系统，通过冷却水的循环利用或改进冷却方式，减少冷却水用量、降低排水温度，从而减少进入水体的废热量。同时，应合理选择取水、排水的位置，并对取、排水方式进行合理设计，减轻废热对受纳水体的影响。

排入水体的废热均为可再利用的二次能源，通过热回收管道系统将废热输送到田间土壤或直接利用废热水灌溉可在温室中种植的蔬菜或花卉等。将废热水引入污水处理系统中调节水温（$20\sim30℃$）可加速微生物酶促反应，提高其降解有机物的能力，从而提高污水处理效果。此外，利用废热水可以在冬季供暖，在夏季作为吸收型空调设备的能源，因此，废热的综合利用是控制水体热污染的一个重要途径。

第三章　环境保护与可持续发展

第一节　环境保护与可持续发展战略的关系

环境保护是我国的一项基本国策，是人类为维护自身的生存和发展，研究和解决环境问题中进行的各种活动的总称。可持续发展是既满足当代人的需求又不损害后代人的发展需求的发展，它强调不同地区、不同时代的人们享有平等的生存和发展机会。为了可持续发展，环境保护应该作为其发展进程的一个整体部分，两者不能脱离。可持续发展非常重视环境保护，把环境保护作为它积极追求实现的最基本目的之一，环境保护是区分可持续发展与传统发展的分水岭和试金石。

一、可持续发展的实质

（一）可持续发展的内涵

可持续发展的内涵十分丰富，但是都离不开社会、经济、环境和资源这四大系统，包括共同发展、协调发展、公平发展、高效发展和多维发展五个层面的内涵。

1. 共同发展

整个世界可以被看作一个系统，是一个整体，而各个国家或地区是组成这个大系统的无数个子系统，任何一个子系统的发展变化都会影响到整个大系统中的其他子系统，甚至会影响整个大系统的发展。因此，可持续发展追求的是大系统的整体发展，以及各个子系统之间的共同发展。

2. 协调发展

协调发展包括两个不同方向的协调，从横向看是经济、社会、环境和资源这四个层面的相互协调，从纵向看包括整个系统到各个子系统在空间层面上的协调，可持续发展的目的是实现人与自然的和谐相处，强调的是人类对自然有限度地索取，使得自然生态圈能够保持动态平衡。

3. 公平发展

不同地区在发展程度上存在差异，可持续发展理论中的公平发展要求我们既不能以损害子孙后代的发展需求为代价无限度地消耗自然资源，也不能以损害其他地区的利益来满足自身发展的需求，而且一个国家的发展不能以损害其他国家的发展为代价。

4. 高效发展

人类与自然的和谐相处并不意味着我们一味以保护环境为己任而不发展，可持续发展要求我们在保护环境、节约资源的同时要促进社会的高效发展，是指经济、社会、环境和资源之间的协调有效发展。

5. 多维发展

不同国家和地区的发展水平存在很大差异，同一国家和地区在经济、文化等方面也存在很大的差异，可持续发展强调综合发展，不同国家和地区从自己的实际发展状况出发，结合自身国情和区情进行多维发展。

（二）可持续发展的实质

可持续发展的本质在发展观念、过程、方式、结果上看是一种创新的发展思想，它具有变革的发展观念，发展道路也独具一格，发展模式超越了从前，发展结果更是未来可期。

1. 认知层面：一种全新的发展理念

人类之前的发展观念是自私的，只关心发展经济带来的好处，没有关心人类自身的发展，人们只看到眼前的利益，被当前的利益所迷惑，人们只在乎当代人的利益，没有思考过子孙后代的利益，这是非常狭隘的发展观念。可持续发展观是人类历史上一次伟大的尝试，是人类思维方式的探索。

（1）可持续发展是一种以人为本的理念

人是所有事物的起源，没有人，做任何事都无从谈起，世界上还有很多贫困人口，有的还挣扎在温饱的边缘，有的被疾病缠绕，可持续发展的目标就是要帮助这些人消除贫困，远离疾病，帮助他们拥有健康的身体。

（2）可持续发展是一种人地和谐的发展理念

众所周知，地球资源分为可再生资源和不可再生资源，可再生资源的生成周期也是非常漫长的，不可再生资源使用完了就没有了，所以，人类要节约使用自然资源。人类在发展过程中不可避免地要使用自然资源，可持续发展能更好地制约人类使用自然资源的数量。

（3）可持续发展是一种社会公平的发展理念

当今世界发达国家和发展中国家存在不公平发展的问题，发达国家过于垄断资源，向发展中国家转移污染，损害了发展中国家的利益；当代人过渡发展损害后代人的利益，这是极不公平的，可持续发展就是倡导公平发展的一种观念。

2. 实践层面：一条崭新的发展道路

人类之前运用传统发展方式来发展经济，对发展投入的成本非常大，大量浪费资源，但投入和产出不成正比，走的是"先发展，后治理"的老路。和传统发展方式不同的是，可持续发展走的是精细路线，是具有创新理念的路线。

（1）可持续发展是一种长远发展之路

可持续发展是一条一直到遥远的未来都能支持全球人类进步的新的发展道路。它已经为人类未来的道路做好了铺垫，人类不需要再彷徨，只需要按照这条道路坚定不移地走下去就可以。

（2）可持续发展是一条协同发展之路

可持续发展要求达到人与大地、区域、国家共同和谐发展的程度，并以人与自然、人与人之间和谐发展为最高宗旨。

（3）可持续发展是一条科学发展之路

科学技术对于可持续发展具有强有力的支撑作用，在发展的过程中，科学技术绝对是关键的核心因素，高水平的科学技术可以有效解决人类在发展过程中产生的这样或那样的问题，为人类提供必要的科学帮助，所以，人类发展离不开科学技术，也离不开科学技术创造的价值。

3. 发展方式：一个创新的发展模式

从古至今，社会发展越进步，文明的程度也就越高，到了当今社会，文明程度已经很高了，能否把文明程度发展推向另一个高点呢？人类想出的办法是坚持可持续发展，它把人类从工业文明带到了生态文明。

（1）可持续发展是一种综合发展模式。可持续发展强调整体化发展，它是一种系统性的思想，它始终以环境、自然为基本出发点，它是人类面对未来社会更好生存的伟大构想。

（2）可持续发展是一种系统发展模式。它推动国家节约资源，改变粗放的生产模式，严格要求企业实行节能减排，号召国民理性消费，使国内经济向着良好的循环模式发展，实现人民幸福、社会安定的宏愿。

（3）可持续发展是面向未来和全球的发展模式。从理论层面来说，它面向的是全球多数国家，从信用层面来说，这是一份约定，每个成员国都要为自己的行为负责，应矢志不渝地配合联合国把可持续发展落到实处；对于未来，世界上只有一个地球，人类一定要保护它、爱护它。所以，可持续发展指引着人类未来的发展方向。

（三）可持续发展的主要内容

1. 基于经济层面的可持续发展

经济可持续是可持续发展的核心内容。可持续发展是指既能保证今天经济的持续发展，又不能消费未来的资源环境。可持续发展与传统粗放式发展存在一定差异，强调发展是以不牺牲生态环境为前提。

2. 基于社会层面的可持续发展

社会可持续发展是可持续发展的最终目标。可持续发展是指"在不断提高人们的生活质量的同时，不能挑战自然环境的承受力"，强调可持续发展的目标是实现人类社会的协调发展，提高生活品质，创造美好生活。只有保持发展与自然承载力之间的平衡，才能促进社会不断向前发展。

3. 基于资源环境层面的可持续发展

资源环境可持续发展是可持续发展的基础和前提。可持续发展是在维护现有自然资源、不超过环境承载能力的基础上，不断增强大自然为人民服务的能力和自我创造能力，在资源领域强调一定要保持好资源开发强度和资源存量之间的平衡关系；在环境领域强调经济效益的不断提高不能以增加环境成本为代价。有学者认为资源环境可持续发展就是保证生态环境的保护以及自然资源的可循环利用，最终使经济、社会、自然环境得以实现共同可持续发展。

4. 基于技术创新层面的可持续发展

技术可持续发展是可持续发展的手段。技术可持续发展是指通过技术工艺和技术方法的不断改进，在增加经济效益的同时，可以实现环境和资源的可持续。在技术层面，可持续发展是指通过技术体系的创新，不仅要提高生产效率，还须减少污染物排放对资源的消耗和环境的破坏。

二、环境保护与可持续发展战略的关系

(一) 环境建设是实现可持续发展的重要内容

当今社会的高速发展越来越离不开环境与资源的支持，过去人类并未意识到环境的重要性，一味谋求发展已经尝尽苦楚，所幸现在人类已经有所意识。良好的环境建设不但是实现可持续发展的重要内容，更可以为发展提供更好的经济效益。

(二) 可持续发展是实现环境保护的重要措施

可持续发展要求改变传统的发展模式，尽可能做到多利用、少排放；少投入、多生产。改变传统的生产、消费方式，发展科学技术，节约能源损耗。每个人都拥有享受美好环境的权利，相对而言，保护环境也应该是每个人的义务。可持续发展还要求每个人都有环境保护意识，改变对公共环境的态度。建立人与自然和谐共处的概念，自觉遵守文明行为，将保护自然环境看作是每个人自己的事情，从自身出发保护环境。

(三) 环境保护与可持续发展相互影响相互制约

坚持执行可持续发展，正确处理环境问题，促进人与自然和谐共处，才能更好地保护环境，解决环境污染问题。而要实现环境保护，可持续发展又是其不可缺少的重要措施。两者相互影响，为社会建设良好的生态环境，实现国家经济与自然的协调发展。

三、环境保护在可持续发展中的必要性分析

(一) 环境保护概述

1. 环境的定义

在一般意义上，环境是指相对于主体并与主体相互作用的外围世界。在不同的学科体系下，由于研究关注的主体存在差异性，因而环境的内涵与外延也会有所不同。比如，环境科学中的环境是指以人类为主体的外部环境，其中个体层次上的环境为局地环境，全人类层次上的为全球环境，介于两者之间的为区域环境；而在生态学中，环境主要是以生物为主体的外部环境，包括生物环境与非生物环境。

我国新环保法根据实际工作需要，将环境界定为影响人类生存和发展的各种天然和经过人工改造的自然因素总和。环境具有双重功能，即满足人类生存需要的生存性功能和承

载人类活动的生产性功能，随之也给人类社会带来两种不同类型的环境权益——"生存型环境权益"和"生产型环境权益"，而环境问题从本质上而言便是"生产型环境权益"对"生存型环境权益"的挤兑。

2. 环境保护的措施

（1）树立良好环保意识

一是完善各级学校环境保护教育体系，推动环境教育在各级学校蓬勃发展，并向规范化和制度化方向发展，以培养和提高人们的环保意识；二是广泛开展环境保护实践活动，营造珍爱环境的良好氛围；三是调动社会各方面的力量，充分发挥机关、学校、单位、社区等各级组织及舆论媒体的宣传导向作用，深入群众，以社区为单位开展环境宣传教育，大力宣传环境保护的意义，使人们认识环境问题的危害性，增强环境保护的责任感和使命感。

（2）健全环境治理法规政策体系

完善法规体系，加快大气、水、土壤污染防治等方面的地方立法进程；严格执行环境保护标准，加强标准实施信息反馈和评估；加强财税支持，完善金融扶持，落实好促进环境保护和污染防治的各项优惠政策，促进经济社会可持续发展。完善企业环境信用及生态环境损害赔偿制度，研究提出符合地方城市发展的生态环境方面的法律法规，更好地推进生态文明建设，促进经济社会可持续发展。

（3）健全环境治理监管体系

完善监管体制，完善相关部门污染防治和生态环境保护执法职责，建立生态环境综合执法队伍；加强司法保障，建立完善信息共享、案情通报、案件移送制度，推动行政执法与刑事司法有序衔接；强化监测能力建设，加快建立海洋、土壤、地下水环境监测体系。

（4）加强环境信用体系建设

一是加强分级监管。开展年度企业环境信用评估工作，将城镇污水处理厂、化工、涉重、铸造等重点行业列为评估对象，分省、市两级进行信用评估。

二是强化结果运用。全面运用评价结果，向信用部门通报，实施联合奖惩，对环保警示企业，加大执法监察频次，从严审批各类环保专项资金补助申请。

三是规范环保市场。加强对环境服务机构的分类管理，对开展环境检测业务的第三方机构开展摸底调查和征信工作，并抽查检测机构，不断加强环境信用体系建设。

（5）推动环境治理工作落实落地

加快构建以党委领导、政府主导、企业主体、社会组织和公众共同参与的现代环境治理体系，推动实现政府治理和社会调节、企业自治良性互动，为实现高质量跨越式发展提供有力保障。

强化绩效考核，严格督查问责，对在落实生态环境保护责任过程中不履职、不当履职、违法履职、未尽责履职等产生严重后果和恶劣影响的单位和有关责任人，依法依规依纪进行责任追究。

3. 提高环境保护质量的策略

（1）充分尊重生态环境保护的客观规律

生态环境问题的出现，既有自然地理影响因素，也与人类活动作用的经济社会因素紧密相关。而自然对经济社会影响、经济社会自身、经济社会对自然影响均呈现一定的规律特征。要把握农业空间布局、胡焕庸线、自然地理格局下的城市空间结构、资源依赖型产业空间布局等自然对经济社会影响规律，顺应经济发展阶段及其表现的工业化、城镇化规律为代表的社会发展阶段规律，综合经济社会作用的空间发展规律等经济社会自身规律，遵守以环境库兹涅茨曲线为代表的经济发展对于自然环境影响的规律，强化国土空间规划和用途管控，较好规范人类活动和保护自然空间。进一步统筹自然、经济和社会发展规律的认识和运用，掌握分区域生态环境规律性表现、与生态环境问题关联的经济社会内部原因、特定区域污染状况内生演变态势等，加强生态环境保护的针对性和预防性应对。

（2）持续推进生态环境保护的各项任务

加快推动绿色低碳发展，强化国土空间规划和用途管控，促进生产生活方式的全面绿色转型。持续改善环境质量，深入打好污染防治攻坚战，继续开展污染防治行动，加强细颗粒物和臭氧协同控制，基本消除重污染天气，治理城乡生活环境，基本消除城市黑臭水体，加强危险废物医疗废物收集处理，重视新污染物治理，积极参与和引领应对气候变化等生态环保国际合作。

提升生态系统质量和稳定性，推行草原森林河流湖泊休养生息，构建以国家公园为主体的自然保护地体系，加强大江大河和重要湖泊湿地生态保护治理，实施生物多样性保护重大工程，实施好长江十年禁渔，科学推进荒漠化、石漠化、水土流失综合治理，开展大规模国土绿化行动，加强全球气候变暖对我国承受力脆弱地区影响的观测。全面提高资源利用效率，加强自然资源调查评价监测和确权登记，实施国家节水行动，提高海洋资源、矿产资源开发保护水平，加快构建废旧物资循环利用体系，推行垃圾分类和减量化、资源化。

（3）统筹推动生态环境治理的精准可持续

在掌握规律、科学研究的基础上，实施差异化环境保护政策，能够较好兼顾经济社会发展和生态环境保护。"十四五"期间，应根据区域经济社会发展阶段特征，从更大尺度推广差异化方式。对于已经处于工业化后期阶段的地区应强化各项环保目标考核，加大处罚程度；而对于处于工业化中期阶段地区，围绕生态环境严要求主线，同步推进生态环保政策与地区产业改造技术支持、资金投入、项目落地、税收减免、人才支持等政策相结合、协调和促进，帮助客观上正处于环境库兹涅茨曲线高值地区实现绿色发展。强化区域自然地理格局、气象条件研究，动态掌握各地区环境容量、污染物扩散能力，促进生态环境治理从精准化中释放弹性，尽量降低对产业正常运行的干扰。

同时，细化生态环保政策考核体系，并考虑规律性变化和阶段性特征，建立动态调整机制或制定阶段性目标，推动生态环境治理的可持续与可预期。

（4）健全完善生态环境保护体制机制

强化绿色发展的法律保障，推动生态文明领域的基本法制定，加快国土空间规划法、国土空间开发保护法的立法进程，积极开展国土空间用途管制、生态保护红线、自然保护地体系建设等领域的立法研究，修订完善环境影响评价法、自然保护区条例、风景名胜区条例等相关法律法规，不断健全生态环境保护的法律体系。围绕生态环境保护监测、评估、监督、执法、考核等环节建立健全政策标准规范，推动相关标准规范在自然资源、生态环境、水利、农业、测绘、林业、住建、交通等不同系统之间衔接融合，形成全面准确权威的生态环保标准规范体系。

加快推动生态环保的市场化进程，全面实行排污许可制，完善环境保护、节能减排约束性指标管理，健全自然资源资产产权制度和法律法规，建立生态产品价值实现机制，完善资源价格形成机制。

开展常态化生态环保成效评估考核，进一步完善全过程、多部门协同监管体系，强化生态环境保护与纪检监察执法的协调联动，推动建立生态环境安全信息共享机制，为实施高水平的生态环境监管提供基础保障。

（二）环境保护在可持续发展中的必要性

1. 地球是人类共同的家园

地球是现今适合人类居住的唯一场所。地球上有丰富的资源和宜居的气候环境，为人类的世代繁衍提供保障，近代以来，随着科技的发展以及地球资源的消耗和地球环境的恶化，人类开启了对地球以外宜居地的探索。但就目前科技的发展水平而言，在可预期的未来找到另一个适合人类居住的星球可能性还十分微小。因为即便是找到形体、大气和地球相似的星球，且假设在该星球上生命能存活，将地球上的生物星际移植到该星球，那么距星球上的生态形成结构具有规模且气候变得稳定能达到适合人类居住的条件也是一个漫长的过程。但地球上的资源能源却在被快速消耗，照此趋势地球上的主要能源来源煤、石油、天然气在可预见的一两百年内将会耗尽。因此，我们需要认清现实，在能预见的未来，地球不可再生资源被耗尽之前，适合人类居住的共同家园只有地球。这要求我们在生产生活和资源能源的开发利用中，考虑到地球的唯一性、树立珍惜和爱护地球的意识，人类才有更长远的未来。

人类彼此之间同呼吸、共命运，环境破坏影响全人类。人类虽然分布在不同国度、不同区域，虽相隔万里但仍存在着某种必然联系。根据著名的"蝴蝶效应"可知：生活在各国的人们彼此影响，并不是相互孤立的。

此外，随着人类社会的发展，航海时代和工业时代科技发展在交通方面的推广应用加速了地球上各国人民的来往，20世纪90年代后在全球化浪潮的推进下，地球上的人类联系更加紧密，彼此之间的影响更加密切，通过政治影响、经济贸易、文化融合等方式将世界人民紧紧联系在一起形成"人类命运共同体"共同居住在"地球村"。

地球上的生态形成稳定结构经历了漫长坎坷的过程，毁坏之后短期内无法恢复。地球上的生物进化出人类和创造出适合人类生存的，具有丰富生态结构环境的过程，时间漫长且过程也是曲折的。中途经历了多次生物大灭绝，进化到生态结构完善物种丰富的今天实属不易。正因为生物的进化过程漫长而复杂，如果对生态环境的结构造成破坏，进行修复的过程也将是漫长的，尤其是有些环境损害一旦造成则是不可逆的，比如，物种的灭绝，这些损害如果积累到一定程度则会严重破坏地球上的生物链、毁坏原有的生态结构，其后果将不堪设想。但自近代以来，人类为追求经济的发展对生态环境的不当开发利用导致生态环境被破坏发生恶化的迹象逐渐表露，按照人类现有的技术水平既无法再造一个适合人类居住的地球，也无法短期内恢复被破坏的生态结构，那么生态结构的毁坏和环境的恶化迟早会将人类逼上绝路。

2. 山水林田湖草是生命共同体

山水林田湖草，就是一个共同体，这是整体系统思想的体现。自然界本身，就是各自相互依存、相互发展的统一体，人与田、水、山和树是一个生命共同体；这也解释了生态环境各要素彼此不可分离的关系，必须从多个方面加以入手，大家一起参加进来。要对生态文明的建设进行整体性布局，优化方案，政府要在其中起到牵头的作用，鼓励企业与个人去积极地参与，共同来优化生态环境的整治，要强调责任追究机制，加强监管，这样才能真正做到经济的发展与生态环境的和谐发展，促进社会的进步。

人类在这个蔚蓝色的星球上，是以一个破坏者角色而出现的，人类对于植物及其赖以生存的土壤不断肆意毁坏，致使土地遭到了严重的退化，也威胁到了人类的生存。自然界中的每一种生物，其存在都有一定的必然性；与人类一样，这些生物在自然生态中努力地去生存，这也是其主要的目的之一。而且为了生存的需要，各种生物都会对自然环境本身去做出适应，以达到自身发展的最大化。

比如，对于草本植物来说，为了得到阳光，从而利于自身的生存，它会奋力地去争取阳光，人们会看到一些植物向阳的部分，其枝叶就比较茂盛。人类作为自然中的一员，一定要对自然加以自觉的爱护，这样才能保护好人类的生存；同时，也要统筹好山水林田湖草的协调关系，以达到整体的发展，进而促进人类的未来更好地发展。

3. 绿水青山就是金山银山

要金山银山，还是要绿水青山，要增长还是要生态，好像是一个无解的问题，但是利用绿水青山，就会实现向金山银山的转化。工业化的进程，大量的生产就会产生同等量的垃圾。但是马克思主义哲学辩证法认为，生产力的提升必然引起生产关系的改变，这必然导致经济的发展与生态环境的辩证统一关系。绿水青山就是金山银山这一理论，就是辩证法在实践中运用的典范，也是对当前人类发展趋势的把握。

"绿水青山就是金山银山"这句话中的"绿水青山"指的是自然资源，也是生态资源，这些资源利用好了，就能够转变为社会与经济效益。"绿水青山"，是人民的追求。工业文明时代，人类利用"绿水青山"对自然界不间断地进行开发，从而取得"金山银山"，那个时代的人们一味地追求个人财富，对"绿水青山"是视而不见的，这种思想导致人类与自然的关系日益紧张。生态环境也因此遭到了严重的破坏，人类的生存环境也非常堪忧。

如今的时代，人类急切盼望摆脱这种恶劣的自然生态环境，从而寻求新的科学技术，希望这能够帮助到人类社会。在这样的情况下，生态文明的理念迅速崛起，这也是解决人类面临的生态危机的最好思路。

生态危机的出现，也彻底改变了人类的思维方式，人类需要认真考虑经济社会的发展与生态保护的关系，从而使得人类的生活环境能够达到"绿水青山"的境界；当然这是人类对自身发展的反思，从而使得人类在追求上发生了巨大的变化，这对恢复自然的生态十分有利，也对人类的进一步发展有益。在资本主义工业文明时代，人类对物质财富过度追求，并且无视大自然的警告，从而导致自然资源的不断枯竭，生态环境也被人为地大肆破坏，导致生态危机不断发生，这些都对人类的生存与发展构成了严重的威胁。最先依靠工业文明发达起来的国家，也最先尝到了生态危机的恶果。

发达国家认识到了工业文明带来的生态环境问题之后，迅速改变了策略，这些国家依靠自身的优势，很快取得了一定的成效，也部分缓解了自身的生态环境危机问题，但是实际上却是将严重污染的产业转移到了低水平发展国家，从而将生态危机转嫁到了全球其他国家和地区。只是为了发展而发展，毫不考虑自然生态的后果，这样的发展不仅后劲不足，而且会造成生态失衡，进而发生生态危机，反而会导致人类的发展迟缓。

如果人类每日在不洁净和空气不好的环境中生存，这样的伤害会越来越多，人们的生产积极性也会大打折扣。当人类的基本生存遭到胁迫时，生态危机就会导致社会危机。因此，"绿水青山"尚在的时候，就要加大对生态环境的保护，从而会迎来"金山银山"；否则的话，只是一味地去索取，而不加以维护，那么"绿水青山"不仅不会产生"金山银山"，而更为可能的是绿水不在、青山不青，致使大好的"金山银山"白白葬送，并丧失了良好的发展机会。这样的例子举不胜举，这应该引起人们的重视，避免此类事件的再次发生。

一味追求经济增长，而忽视了保护自然环境，使人类尝尽了苦头，这要求人类在改造自然界时，要遵守规律，达到人与自然的和谐共处。生态文明是以可持续发展为核心的一种经济社会结构。中国自改革开放后，经济得以飞速发展，但是生态环境问题也随之不断增多。因此，要不断对产业结构进行调整，尽快建立良好的生产结构体系，尽量减少污染环境的产业，加大对清洁能源的支持力度。新时代以来，人们对生活的要求，特别是自然环境被破坏的地方，更是希望"绿水青山"的早日到来。

当然，这不意味着要舍弃原本的"金山银山"来换取"绿水青山"，而是要在发展中，认真加强生态文明的建设。一定要协调好生态环境与发展经济的关系，使二者之间相辅相成，一起前行。尽力保护好人类现有的美好的自然生态环境，这就要强调绿色经济的发展。绿色发展是建设美丽中国的和谐色。绿色是希望，更是未来，也是人们的期盼。良好的生态环境本身就有着潜在的经济价值，能够为社会发展提供持续的动力。

4. 良好的生态环境是经济社会持续发展的根本基础

随着工业化程度的不断加深、人口数量不断上涨，以及市场的压力，我国的生态环境在逐步恶化，自然资源日渐贫乏，这阻挡了我国经济稳步前进的步伐。现阶段我国处于重要的经济转型时期，要妥善处理好经济与生态环境之间的矛盾，切实把绿色发展生态理念融入经济建设的发展过程中，将生态环境优势转变为经济增长优势，把原有的"环境换取"方式转化为"环境优化"方式，从而推动二者的协调发展，实现"双赢"的发展结果。

为了早日缓解二者之间的矛盾，需要探索出适应于新时代中国发展模式的生态环境保护之路，这条道路不同于西方的发展道路，而是一条低成本、具有中国禀赋优势的道路。生态环境不仅仅为人们提供生存空间，同时也是构成生产力的要素之一，为我们的生产生活发展提供第一手原材料。由于我国现阶段经济发展仍是第一要务，经济基础的建设仍是重中之重，因此我们要努力协调生态与经济之间的关系，保护二者之间的平衡。为此我国完全可以将生态资源转化成生态产业，最终转化为经济效益。

5. 保护环境能够促进人与自然和谐发展

（1）人与自然是生命共同体

改革开放后，中国经济社会在以经济增长为中心的发展理念的指导下，发展取得了巨大的成绩。然而，在经济价值高于生态价值的理念的指导下，人们对人与自然共存共生的理念没有一个系统的、正确的认识，在发展经济的过程中忽视环境保护，甚至肆意破坏环境，导致了严重的环境污染和资源浪费，大规模的生态恶化事件也频频发生，发展与自然之间的矛盾越发尖锐。人类源于自然，也必将依赖于自然，二者是共存共生的关系。

自然界是一个庞大复杂的系统，每个自然要素都在其中扮演着不同角色，只有各个要素之间的有序合作，才能实现自然的循环发展。人和自然的关系用"一兴俱兴，一损俱损"来形容，是最为本质性和科学性的表达。人与自然是相互依存的整体，对自然界我们不能一味地只知索取、不知保护，只知利用、不知建设。在整个人类社会中，人与自然的关系是最基本的一种关系。

自然界为人类的生存和发展提供一切的物质保障，人类利用自然界提供的自然资源改造自然。人类在开发、利用、改造自然时，要牢记人只是自然的组成部分，不能以主人的态度对待自然，必须遵从整个自然界的自然规律，而且人类的一切社会活动也必须符合自然规律。

自然界是人类赖以生存之本，为人类的生存活动提供了栖息之所、为人类的生产活动提供了物质基础、为人类的发展提供了广袤空间。人是自然界的有机构成体，人的实践活动使自在自然向自为自然转变，成为一种带有人类实践烙印的"人化自然"，成为一种具有实践性、历史性和社会性的自然。

（2）保护生态环境就是保护人类

生态环境破坏和污染不仅影响经济社会可持续发展，而且对人民群众健康的影响已经成为一个突出的民生问题。

一方面，生态环境的破坏直接影响了人类的生存。人类的生存和发展都离不开自然，自然提供了空气、水、土地等人类生存的所有要素，破坏生态就等于破坏人类生存的要素，直接影响人类的健康，甚至生存。另一方面，生态环境破坏直接影响人类生存发展的空间。我国经济健康发展和社会全面进步严重受到环境污染、资源短缺、生态失衡等问题的阻碍。

基于以上情况，要以马克思主义生态文明思想为指导，创造性地提出保护环境就是保护人类。要像对待朋友一样对待生态环境，像珍爱生命一样珍惜生态环境，创造一个蓝天白云、青山绿水的美丽家园。

比如，在对环境开发利用时，增强生态红线意识；在发展经济产业时，鼓励支持和优先发展绿色产业。人们既然行使了利用自然和改造自然以满足自身需要的权利，相应地也就应该承担保护自然的责任。人们在自然当中生活，人类社会也存在于自然当中，保护自然就是保护人类生存的家园。在这种意义上，我们更加应该重视保护自然。

6. 保护环境能够保护与发展生产力

(1) 保护环境能够保护生产力

生产力是推动人类社会进步发展的根本动力。马克思把生产力划分为社会生产力和自然生产力。自然生产力涵盖了像阳光、河流、森林等为人类生活提供各种生活资料的自然资源的纯粹的自然力，也包括金属、煤炭、瀑布等为人类生产提供各种劳动资料的自然资源。

因此，生产力不仅仅包括人类通过劳动创造出来的社会生产力，还包括为人类生产和生活提供劳动对象和劳动资料的自然生产力，自然界蕴含着有助于生产物质财富的能力，其本身就是可以促进人类社会生产的生产力。劳动生产力受到人和自然的双重影响，社会生产力和自然生产力共同构成劳动生产力。人类的生产资料由自然供给，人类通过劳动创造财富，因而，可以说生产力是"人力"和"自然力"高度统一、共同作用的体现，而"自然力"又是"生产力"产生的必要条件。且由于部分自然资源不可再生，因此，保护生态环境就是保护生产力。我们必须深刻认识生态资源对于生产力发展的决定性，努力将生态环境保护和生产力发展高度统一形成有机整体，牢牢把握自然发展的规律、加大对生态环境的保护力度，从而实现生产力的永续发展，打开社会发展与生态保护的互利共赢局面，实现人和自然和谐发展的美好愿景。

良好的生态环境能够为一个国家和地区的社会生产力发展提供良好的自然生产力基础，能够使社会生产力与自然生产力合二为一，进而推动经济的持续发展。因此，保护生态环境就是保护生产力，只有合理地保护生态环境，才能更好地保护生产力，才能实现人与自然和谐永续发展。

(2) 保护环境能够发展生产力

发展是解决我国一切问题的基础和关键，必须坚定不移把发展作为党执政兴国的第一要务。马克思认为，生态环境具有生产力属性，是自然生产力的重要组成部分，经济发展离不开生态环境的支持。因此，良好的生态环境是国民经济持续发展的基础，改善生态环境本质上也是在发展生产力。

因此，要想可持续发展，维持经济建设的长久动力，转型升级、改善第三产业，努力发展高新技术产业，实现经济结构的多元化已迫在眉睫。因此，不注重生态环境的建设及改善，必然会导致资源型城市生产力的发展受限制。

生产力与生态环境的关系从本质上讲就是人与自然的关系。因此，我们应认识和吸取国内外走"先污染后治理"道路的教训，生态环境的恶化势必会影响生产力的改善及发展。这就要求我们在立足发展经济的同时注重生态建设，一方面努力提高生态建设意识，努力开发绿色环保的可持续发展新经济模式，打造绿色产业链，形成环境带动产业、产业反哺环境的良性循环。另一方面大力加强高新科技产业的研发，形成科技引领产业升级，剥离低效率低产能的产业，提高产能比。总体实现生产力与环境建设相互促进和谐发展的新局面。

良好的生态环境是我们生存和发展的基础，是实现人民幸福和美好生活的重要保障，是普惠民生福祉的关键环节。因此，只有正确处理好生态环境和生产力发展之间的关系，切实改善生态环境，才能大力发展生产力，才能实现人与自然和谐永续发展。

7. 良好的生态环境是最普惠的民生福祉

近些年，生态问题成为人民群众普遍关心的问题，生态环境质量关系到广大民众的生活质量和生命健康，与广大民众的生存与发展息息相关，所以，生态环境也成了关系民生的重大问题。构建和谐社会离不开良好的生态环境。

当前，我们要认清我国社会主要矛盾的转化，急民众之所需，满足人民群众对良好生态环境的迫切需要，让每一个公民都能够在良好的生态环境中生活、生产。要切实保证广大人民群众的生态环境权益，倾听人民的合理诉求，解决好在生态环境保护中暴露的问题。良好生态环境所提供的生态成果必须由人民共享，让人民群众更加坚定、更加自信地坚持生态富民的发展路线。

（1）满足人民群众的美好环境需要

自然环境是我们共同拥有的，每个人都渴望拥有一个天蓝、山清、水秀的生活环境，这是每个人的生存权益。但是当前严重的环境污染已经影响到了人们的身体健康，给人们的生产生活带来很多负面影响。

随着社会发展和物质生活水平的提高，环境问题日益成为重要的民生问题。食品安全、水质纯净、空气清新、环境优美等成为广大人民群众最关心的指标，尤其是居民地居住周边的生态环境状况，已是人民群众最为关注的影响人民生活幸福的指标之一。过去，老百姓更多的是"盼温饱、求生存"，现在，老百姓"盼环保、求生态"。国家发展的长远利益和人民的根本利益与生态环境的好坏息息相关、密不可分。

历史唯物主义认为，经济基础决定上层建筑，当下，人民群众关注的不再是"吃饱、穿暖"的问题，更多的是渴望获得一个良好的生态环境。优美的生态环境有利于提高人民的生活质量和健康水平。但在工业化的进程中，大多数国家的发展方式都是粗放式的，严重破坏了生态环境，大气污染、固体废弃物污染等一系列恶性生态事件，让人们失去了良好的居住环境。肺癌、哮喘等一系列的呼吸疾病严重损害了人类的身体健康，生态环境恶化让人类付出了沉重的代价，人类的生存和发展受到严重的威胁。良好的生态环境是最普惠的民生福祉，它是人们生存和发展的保障。要想使人民能享有好的生活水平和生活质量，必须重点解决环境问题，在满足人民物质生活需要的同时，更要满足人民对良好生态环境的需要。

（2）维护人民群众的生态环境权益

目前，不再以创造经济价值的高低来衡量一个国家或者地区的发展水平，开始以生态环境的好坏作为评价一个国家或地区发展水平高与低的标准。毋庸置疑，提升人民的幸福感的重要途径之一就是保持良好的生态环境。良好的生态环境能够为人类生存和发展提供有效保障，为人类的生产生活提供优越的自然条件。人需要依靠自然界才能存在，人类生活质量的高低由自然环境的好坏来决定。生态问题开始成为社会主义国家建设中的重要课题。

发展经济是一个国家的重要目标，但经济发展的同时决不能忽视生态文明建设，更不能为了发展经济而牺牲环境，要始终坚持以人为本的发展理念，科学合理地进行社会主义现代化建设。

（3）提高人民群众的生态文明意识

社会成员生存质量的高低在很大程度上取决于生态环境状况的好坏。目前，我国大多数公民的环境保护意识、资源节约意识、生态意识普遍不强，对个人自身行为对生态环境和自然资源造成的影响认识不足。意识是行动的指导，公民只有从内心深处真正意识到保护生态环境对自身的重要性，才会主动参与到生态文明的建设当中。

因此，激发公民保护生态环境的关键就是提高人民群众的环境保护意识，使广大人民群众自觉、自愿地参与到建设美丽中国的伟大事业中来。生态意识是人与自然协同发展的意识，是生态文明建设过程中不可或缺的重要力量。公民生态意识是人与自然共存共生的价值意识，是尊重自然的伦理意识，是从生态环境整体优化层面来理解社会发展的基本观念。理性来讲，当前，我国公民生态环境保护意识淡薄，部分公民生态价值意识存在一定的误区，缺乏保护生态的远见，自我意识强烈，常以自我为中心对待生态环境，轻视生态环境恶化所带来的严重恶果，极大程度上造成了自然资源的浪费和对生态环境的破坏。

对此，应该重视对公民生态道德素质的培养，强化人对保护生态环境的责任意识，使生态文明建设拥有牢靠的思想道德基础。生态文明建设不是某个人的事业，需要全体人民共同努力，其建设成果也由全体人民共同享有。对生态环境的保护和建设要集合社会中每个人的力量，谁都不能置身事外，只说不做。国家和社会要加强对生态文明建设的宣传和教育，以此来提高社会大众的生态文明意识，让人们树立生态环境保护的理念。

8. 生态兴则文明兴

纵观整个世界文明史，有许多古文明的消亡都与当地的生态遭到破坏有关，生态的兴衰影响着文明的兴衰，人类应该从历史中汲取经验教训，避免重蹈历史覆辙。

（1）生态兴衰影响文明兴衰

四大文明古国中除了中国以外，另外的三个文明古国都先后消亡。探究它们的消亡，我们可以发现，原因很多，也不尽相同，但却都有一个共同点，那就是和当地的生态环境遭到破坏有关。

（2）避免重蹈历史覆辙

工业文明时代初期，人类走"先污染后治理"的道路导致人与自然关系的恶化，造成了严重的生态危机。如今，工业文明的发展已经进入了瓶颈期，再沿着"先污染后治理"的老路发展，会使得人类的生态环境不堪重负，长此以往，很可能会导致人类文明的灭亡。

生态文明建设，不仅关系到我国的民生问题，更直接关系到中华文明是否能延续与传承。一旦我国的生态环境遭到严重破坏，很可能会使我国重蹈历史覆辙，使得中华文明也随之不复存在。我国的生态文明建设对中华文明的延续有着重要意义。

第二节 可持续发展之绿色生活与低碳经济

积极倡导绿色生活与低碳经济，是可持续发展战略的两条极为有效的实施路径。

一、绿色生活

（一）绿色产品的含义

绿色产品又称为环境意识产品，即该产品的生产、使用及处理过程均符合环境保护的要求，不危害人体健康，其垃圾无害或危害极小，有利于资源再生和回收利用。为了把绿色产品与传统产品相区别,许多国家在绿色产品上贴有绿色标志。该标志不同于一般商标,而是用来标明在制造、配置使用、处置全过程中符合特定环保要求的产品类型。

我国实行绿色标志认证制度,并制定了严格的绿色标志产品标准,目前涉及七类产品,即家用制冷器具、气溶胶制品、可降解地膜、车用无铅汽油、水性涂料和卫生纸等。绿色标志认证可以根据国际惯例保护我国的环境利益,同时也有利于促进企业提高产品在国际市场上的竞争力,因为越来越多的事实证明:谁拥有绿色产品,谁就拥有市场。

绿色产品除了常见的绿色食品以外还有绿色材料和绿色建筑两类。绿色材料是指可以通过生物降解或者光降解的有机高分子材料,绿色建筑是指在建筑的全寿命周期内,最大限度地节约资源(节能、节地、节水、节材)、保护环境和减少污染,为人们提供健康、适用和高效的使用空间,与自然和谐共生的建筑。

(二)绿色 GDP

20 世纪中叶,随着环境保护运动的发展和可持续观念的兴起,世界上经济学家和统计学家尝试将环境要素纳入国民经济核算体系,以发展新的国民经济核算体系,即"绿色"GDP。

绿色 GDP(GGDP)即为绿色国内生产总值,是对 GDP 指标进行有关调整后用于衡量一个国家财富的总量核算指标。简而言之,绿色 GDP 就是从现行统计的 GDP 中扣除环境成本(包括环境污染、自然资源退化等)因素引起的经济损失成本,从而得出较为客观真实的国民财富总量。所以说,绿色 GDP 是指在不减少现有资本资产水平的前提下,一个国家(或地区)所有常驻单位在一定时期内所产生的全部最终产品和劳务价值总额;或者说是在不减少现有资本资产水平的前提下,所有常驻单位的增加值之和。这里的资本资产实质上是指自然资本和资产,如矿产、森林、土地等自然资源,以及水、大气、地球等环境资源。

绿色 GDP 不仅能反映经济增长水平,还能够体现经济增长与环境保护和谐统一的程度,还可以比较好地反映可持续发展的理念和思想。一般来讲,绿色 GDP 占 GDP 的比重越高,表明国民经济增长的正面效应越高,其负面效应就越低。

绿色 GDP 核算可在 GDP 核算的基础上,通过相应的环境调整而得到。简而言之,绿色 GDP 就是从 GDP 中扣除自然资源耗减价值与环境退化(污染)损失价值后的价值,即

$$绿色\ GDP = GDP - 自然资源耗减价值 - 环境污染所造成的损失价值$$

更广义地说,绿色 GDP 不但应扣除自然资源耗减价值与环境退化(污染损失的价值)后的价值,还应扣除预防支出、恢复支出,以及调整费用,即:

绿色 GDP＝GDP−自然资源耗减价值−环境污染所造成的损失价值−（预防支出+恢复支出+调整费用）

实际上，绿色 GDP 核算是在 GDP 核算的基础上，通过相应的调整而得到的。这种调整包括扣除：本时期自然资源耗减和环境退化货币价值的和；本时期环境损害预防费用支出；本时期资源环境恢复费用支出；本时期因非优化利用资源而进行调整计算的部分。

绿色 GDP 不仅能够反映经济增长水平，而且能够体现经济增长与自然保护和谐统一的程度，如果绿色 GDP 占 GDP 比重越高，则国民经济增长对自然的负面效应就越低，经济增长与自然保护和谐度就越高，反之亦然。如果以"人均绿色 GDP"来表示，则"人均绿色 GDP"更能体现以人为本的经济增长与自然保护和谐统一的程度。绿色 GDP 的计算公式也可表示为：

绿色 GDP＝GDP−生产中使用的非生产自然资产价值

其中：

生产中使用的非生产自然资产价值＝经济资产中的非生产自然资产耗减+环境中非生产自然资产降级

最后，我们将自然资产、非生产性自然资产、自然资源耗减、环境降级几个概念简要阐述如下。

1. 自然资产

指所有者在一定时期内，对它们具有所有权，能有效使用、持有或处置，并可从中获得经济利益的经济资源。自然资产可分为生产性自然资产和非生产性自然资产，其中，所有权已经界定，所有者能够有效控制并可从中获得预期经济效益的自然资源称为生产性自然资产。

2. 非生产性自然资产

指不属于具体单位，或者即使属于某个具体单位，但并不在其有效控制下，或者不经过生产活动也具有经济价值的资产。具体来讲，非生产性自然资产是未经过生产活动具有经济价值的资产，如土地、水源、原始森林、地下矿藏等。同时，那些能在可预见的将来获得经济利益的，不经过生产过程的自然资源，如空气、公海海域资源，非培育生物中的不能为人类控制的野生动植物，以及在可预见的将来不具有商业开发价值的地下矿产等，都不能视为经济资产，而是属于非经济资产的自然资源。

3. 自然资源耗减

指在人类生产活动中使用和消费的自然资源，即自然资源减少，也就是自然资产耗减。

4. 环境降级

指由于环境质量恶化引起的经济损失，环境降级部分包括空气污染、水污染、噪声污染及废物污染等。

(三) 绿色食品

绿色食品是安全、营养、无公害食品的统称。绿色食品的产地必须符合生态环境质量的标准，必须按照特定的生产操作规程进行生产、加工，生产过程中只允许限量使用限定的人工合成的化学物质，产品及包装经检验、监测必须符合特定的标准，并且经过专门机构的认证。绿色食品是一个非常庞大的食品家族，主要包括粮食、蔬菜、水果、畜禽肉类、蛋类、水产品等系列。绿色食品的核心一是安全，二是营养，三是好吃。绿色食品外包装上一般印有统一标识，由太阳、叶片和蓓蕾组成，并标有"经中国绿色食品发展中心许可使用绿色食品标志"字样。除包装标签上的印制内容外，还贴有统一印制的防伪标签，该标签上的编号与产品包装标签上的编号一致。

(四) 有机 (天然) 食品

"有机食品"这一名词是从英文 organic food 直译过来的，在其他语言中也有称生态或生物食品的。这里所说的"有机"不是化学上的概念，有机食品是指来自有机农业生产体系，根据国际有机农业生产规范生产加工，并通过独立的有机食品认证机构认证的一切农副产品，包括粮食、蔬菜、水果、奶制品、禽畜产品、蜂蜜、水产品、调料等。除有机食品外，还有有机化妆品、纺织品、林产品、生物农药、有机肥料等，统称为有机产品。

有机食品是一类真正源于自然、丰富营养、高品质的环保型安全食品，它的认定标准比绿色食品更严格。绿色食品（A 级）的生产过程中还允许限量使用限定的化学合成物质，而有机（天然）食品（AA 级）的生产则完全不允许使用这些物质。

(五) 绿色汽车

绿色汽车又称为环保汽车，主要是针对汽车对环境造成的影响而强调的合乎环境保护要求的概念，其特点是节能、减排、安全、高效、轻质、低噪声和易于回收利用。从狭义上说，环保汽车主要指污染物的排放控制；广义上说，环保汽车包括绿色设计，以便于分拆和回收再利用以及清洁生产。

中国汽车工业发展快速，开发具有科技价值、社会价值和环保价值的新型汽车是当前各国研究的重点，节能环保是汽车工业可持续发展的必由之路。绿色汽车含义主要由以下几点内容组成。

1. 动力源的改进

汽油和柴油汽车排放的尾气中有 120～200 种不同的化合物。由于城市汽车的增多，中国也存在发生城市光化学烟雾的潜在危险。替代燃料的研究成为研发绿色汽车的首选，如清洁汽油、清洁柴油、醇类、纯电动、混合动力、燃料电池、生物质能、氢能源的研究等。

2. 对环境污染少

首先是改进燃油装置，使之充分燃烧，减少废气排放。其次是提高动力装置效率、优化空气动力学设计和降低车身重量等，追求完美的节能目标。再次是开发新能源，如一些石油公司开发出一种新型汽油，这种汽油中含有一种称为含氧剂的化学物质，使汽油能够充分燃烧，大大减少了有害气体的排放。最后是采用满足强度要求的轻质材料代替重质材料，达到节能的目的。汽车自重减少 50kg，每升燃油的行驶距离可增加 1km；汽车自重减轻 10%，燃油经济性提高约 5.5%。汽车总体向轻型化发展，用包括铝、镁等轻金属以及新型复合轻质材料等代替钢材料是最主要的途径。关于降低汽车噪声污染问题，随着国外噪声法规的日趋严格，对汽车噪声已采取了一系列控制措施。然而，发动机缸体、活塞敲击以及冷却和进气系统等均有进一步改进的潜力。

3. 可以回收利用

当汽车不能再使用时，作为报废汽车由用户交给经销商或维修站，然后用处理机（如切碎机）拆卸并销毁。有用的部件、含铁和非铁质金属等被回收再利用，剩余的作为碎屑被处理掉。因此，促进报废车辆指令（ELV）回收对有效利用资源非常重要。另外，因报废汽车中存在危及环境的材料（如铅和其他重金属），故须防止它们在处理时释放出有毒物。

（六）绿色材料

材料是技术进步的物质基础，新材料的开发已成为以信息为核心的新技术革命成功的关键。从化学上分，有金属材料、有机高分子材料、无机非金属材料和复合材料；从用途上，可分为结构材料（利用材料的力学性质）和功能材料（利用材料的电学、光学、磁学等性质）。研制与开发可降解塑料是环境保护特别是消除"白色污染"的重要措施。

1. 生物降解型塑料

生物降解型塑料一般指具有一定机械强度并能在自然环境中全部或部分被微生物如细

菌、霉菌和藻类分解而不造成环境污染的新型塑料。生物降解的机理是由细菌或其他水解酶将高分子量的聚合物分解成小分子量的碎片，然后进一步被细菌分解为 CO_2 和 H_2O 等物质。生物降解型塑料主要有以下四种类型。

（1）微生物发酵型

利用微生物产生的酶将自然界中易于生物分解的聚合物（如聚酯类物质）解聚水解，再分解吸收合成高分子化合物，这些化合物含有微生物聚酯和微生物多糖等。

（2）合成高分子型

可被微生物降解的高分子材料有聚乳酸（PLA）、聚乙烯醇（PVA）、聚己内酯（PCL）等聚合物。其中 PLA 价格昂贵，主要用在医药上；PVA 具有良好的水溶性，广泛用于纤维表面处理剂等工业产品上。

（3）天然高分子型

自然界中有许多天然高分子物质可以作为降解材料，如纤维素、淀粉、甲壳素、木质素等。以甲壳素制成的降解薄膜，在土壤中 3～4 个月就发生微生物崩解，在大气中约 1 年可老化发脆。

（4）掺和型

以淀粉作为填料制造可降解塑料，是指在不具生物降解性的塑料中掺入一定量淀粉使其获得降解性。

2. 光降解塑料

光降解塑料是指在日光照射或暴露于其他强光源下时，发生裂化反应，从而失去机械强度并分解的塑料材料。制备光降解塑料是在高分子材料中加入可促进光降解的结构或基团，目前有共聚法和添加剂法两种。

目前，国内外研究较多的是生物降解塑料和光—生物双降解塑料。将生物降解性的淀粉与光降解性的添加剂加入同一种塑料中，就制成了光—生物双降解塑料。该材料可在光降解的同时进行生物降解，在光照不足时照样进行生物降解，从而使塑料的降解更彻底。我国在这方面的技术处于世界领先地位。针对淀粉粒径大、难以制成很薄的地膜（厚度小于 0.008mm），以及淀粉易吸潮的缺点，我国已制成不含淀粉而用含有 N、P、K 等多种成分的有机化合物作为生物降解体系的双降解地膜。

其他新材料的研究使用还有超微粉末、特种陶瓷、智能材料、工程塑料等。

二、低碳生活

随着全球人口数量的不断增加和经济规模的不断扩大，气候和环境问题已经成为制约人类生存和发展的重要问题之一，引起世界各国的高度重视。低碳经济作为一种新的经济发展模式在这一背景下应运而生，并越来越受到国际社会的重视。低碳经济是一种以低能耗、低污染、低排放为特点的发展模式，发展低碳经济意味着能源结构、产业结构和技术结构的战略调整，对一个国家的发展战略具有重大而深远的影响。低碳经济是以低能耗、低污染、低排放为基础的经济模式，是人类社会继农业文明、工业文明之后的又一次重大进步。狭义地说，低碳经济是在生产过程和消费过程中以降低二氧化碳排放为特征的经济运行模式。所谓低碳主要包括两方面含义：一是节能，即在生产过程和消费过程中，节约使用能源，特别是碳基能源。节能自然涉及提高能效，但仅仅靠提高能效是不够的，还必须减少总的能源需求。二是改善能源结构，降低能源的碳密度，即单位能源中碳的含量。

（一）低碳生活及其意义

低碳生活反映了人类由于气候变化而对未来发展产生的忧虑，并由此认识到导致气候变化的过量碳排放是在人类生产和消费过程中出现的，要减少碳排放就要相应优化和约束某些消费、生产和生活行为。低碳生活代表着更健康、更自然、更安全的生活，同时低碳生活方式可以降低生活消耗的成本。因此，低碳生活是一项适合新时代人们生产、生活的新方式。

低碳生活是指人们尽量采用低能耗、低排放的生活方式，降低二氧化碳的排放量，从而减少对大气的污染、减缓生态恶化。低碳生活作为一种简单、节约、环保的时尚生活方式，追求的是回归自然的生活。此外，低碳生活更是一种可持续发展的环保责任，它要求人们树立全新的生活观和消费观，减少碳排放，促进人与自然和谐发展。低碳生活将是协调经济社会发展和保护环境的重要途径。在低碳经济模式下，人们的生活可以逐渐远离因能源的不合理利用而带来的负面效应，享受以经济能源和绿色能源为主题的低碳生活，带给人们健康绿色的生活习惯、更加时尚的消费观和全新的生活质量观。

低碳生活作为一种生活方式，是我们现在亟须建立的绿色健康生活方式，它不仅仅是一种能力，更是一种生活态度，我们应从点滴做起，积极提倡并实践低碳生活，低碳生活的主要意义如下。

一是低碳生活着眼于人类未来。近几百年来，以大量矿石能源消耗和大量碳排放为标志的工业化过程让发达国家在碳排放上遥遥领先于发展中国家。当然，也正是这一工业化过程使发达国家在科技上领先于其他国家，也令它们的生产与生活方式长期以来习惯于高碳模式，并形成了全球的样板，最终导致其自身和全世界被高碳绑架。在首次石油危机，继而在气候变化成为问题之后，发达国家对高耗能的生产消费模式和低碳生活理念才开始觉悟，并且有了新认识。由于低碳生活理念顺应了人类未来的可持续发展理念，渐渐被世界各国所接受，因而是着眼于未来的生活模式。

二是低碳生活是一种健康文明的生活方式。低碳生活是一种生活态度。在生活中，低碳可以理解为环保、绿色和原生态。而这些因素和人们的生活息息相关。环保让人们能长久地享受美好生活，而绿色和原生态，则可以让人们享受高品质的生活。选择低碳生活方式，是一种健康文明的生活方式，它带来的好处也是实实在在的，因此，低碳生活体现人们的一种心境、一种价值和一种行为，代表着人与自然、社会经济与生态环境的和谐共生。

（二）低碳生活的实现途径

低碳生活是一个十分复杂的概念，它具有十分广泛的社会意义。不仅包括节能减排、新型清洁能源的开发和利用，还包含新的生产模式与生活模式，是比人类传统生产、生活模式更高一层次的生活概念。下面将详细讨论各途径的具体内涵及意义。

1. 戒除以高耗能源为代价的"便利消费"嗜好

便利是当代人的主要追求之一，但是大量的事实表明，很多便利的消费方式都伴随着巨大的能源或资源浪费。例如，在许多中高收入的人看来，汽车是一种代步工具，可以给他们的出行带来巨大的便利，但是即使是选用排量最小的汽车，所消耗能源量、排放二氧化碳量都远远超过了乘坐公共汽车、地铁或骑自行车所消耗能源、排放二氧化碳的量；现代物流业给电子商务提供了便利，很多人乐于选择便利的网上购物，但是分散性的网购使得商品运送更加分散，每一件商品都是在顾客下单，由厂家发出，经长途转运之后，再由快递员一件一件送到顾客手中，这种分散性的网购不仅耗费了大量的人力，而且使得快递三轮车布满各大城市，所造成的能源消耗远远超过了以往的由集装箱货车直接整批送往各大商场。由此看来，减少便利消费，是实现节能减排、转向低碳生活方式的重要途径之一。

2. 戒除使用"一次性"用品的消费嗜好

无节制地使用一次性快餐盒、一次性筷子、一次性塑料袋是现代人的主要习惯之一，这种习惯极大限度地增加了人类的碳排放。现代互联网技术的高速发展催生出一种新型的生活方式——网络订餐（俗称外卖），这种消费方式给很多人带来了便利，各种广告更是说得天花乱坠，什么选择外卖可以多睡午觉、选择外卖可以有更多时间完成老板布置的任务、选择外卖可以避免外出吃饭使得皮肤被晒黑等，穷尽了人们要选择外卖的理由，但是每一顿外卖都需要用到一整套一次性快餐盒，这种一次性快餐盒都属于塑料制品，每到中午，大型办公楼的楼道里都会被一次性快餐盒堆满，以往保洁员能够两三次收拾完的垃圾现在十几次都收拾不完，而这种一次性快餐盒所带来的污染更是在短时间内无法消除的。用于制作塑料袋、一次性餐盒的塑料都是来源于石油工业或煤化工，节约塑料袋和一次性餐盒就等于节约石油和煤炭，而且塑料分解的产物是二氧化碳，增加塑料的消耗就等于增加碳排放。

综上所述，戒除使用"一次性"用品的消费嗜好是实现低碳生活的主要路径之一。

3. 戒除以大量消耗能源、大量排放温室气体为代价的"面子消费"的嗜好

随着经济的高速发展，我国居民收入水平大幅度提高，人民生活水平"一日千里"。然而，随之而来的是，由于经济条件使然，我国有相当大一部分人的消费观念发生了变化，开始追求"面子消费""奢侈消费"。我国发展经济的目的就是要改善人民的生活水平，主流价值观并不反对汽车进入家庭。但是，过度追求豪华汽车，尤其是在我国的基础设施、环境保护能力尚未足够过硬的前提下，过度追求"面子消费"，于我国可持续发展而言，是有害无益的。大量的私家车，尤其是大排量的豪华车型，一年所消耗的汽油、排放的二氧化碳，已经成为制约我国可持续发展的主要因素之一。因此，戒除以大量消耗能源、大量排放温室气体为代价的"面子消费""奢侈消费"的嗜好是实现低碳生活的主要途径之一。

4. 企业是低碳经济发展的市场主体，要有所担当

面临资源枯竭、环境污染、金融危机的挑战，企业应以长远眼光自觉跟进，促进低碳经济的快速发展。促进广大民众的低碳生活，技术创新和制度创新是关键因素，企业应从自身做起，搞好内部环境管理，也要从产业链的各个环节上，寻求节能减排的新途径，大力开发可再生能源，大力发展低碳技术、低碳产业。同时，企业要有长远的投资眼光，在一些低碳技术、低碳产业上做战略投资。我们要从产业结构、能源结构调整入手，转变经济发展模式。

低碳发展的理念需要渗透到社会各个领域，形成良好的社会氛围和舆论环境。只有让"低碳"这一概念成为全社会的实际行动，大家都自觉跟进低碳经济的发展步伐，低碳发展才能有所突破和创新。总之，珍惜地球资源，转变发展方式，倡导低碳生活。政府部门义不容辞，同时需要全社会的积极参与。

(三) 低碳风险

低碳经济除了带来发展实体经济的新思路之外，其已经带来和将要带来的金融和虚拟

经济的改变也非常关键，甚至有可能取代现在的"石油美元"，在未来成为"世界货币"的主要载体。从欧盟大力发展碳交易的努力中我们能够看到其将欧元推广为世界货币的雄心。

综观近现代世界霸权的发展历程，"煤炭–英镑"和"石油–美元"展示了一条简单而明晰的世界货币之路。一国货币要成为国际货币及关键货币，必须与能源挂钩。而低碳经济的背后正是蕴藏着一条新能源的革命之路。发展中国家能否利用后发优势在工业化进程中实现跨越式经济发展，取决于能否占领清洁能源和可再生能源技术的制高点。在可预见的将来，使用哪种货币作为新能源和碳交易的结算货币，哪种货币将成为主要的世界货币。

发展低碳经济可以占领世界技术制高点，可以为本国货币在世界范围内流通提供强力支撑，还可以在世界贸易体系中获得更大利益。目前，个别重要发达国家在气候谈判中使用拖延战略，迟迟不做出减排承诺，但其自身却在大力发展节能环保的低碳经济。同时，发达国家还试图通过设立碳关税，将碳排放问题与国际贸易挂钩。其目的是通过绿色贸易壁垒实施贸易保护主义。发达国家通过碳关税抬高产品在发展中国家的生产成本，打击发展中国家的生产能力，以保证发达国家继续掌控产品定价权，继续左右世界经济的发展。显然，如果近期征收碳关税将对我国经济发展产生严重的负面影响。应该及早重视，要在国际社会达成征收碳关税共识之前加快发展低碳经济，提早规避可能存在的风险。

第四章　环境艺术设计

第一节　环境艺术设计的基本概念

环境艺术设计是指对于建筑室内外的空间环境，通过艺术设计的方式进行整合设计的一门实用艺术。环境艺术所涉及的学科很广泛，包括建筑学、城市规划学、人类工程学、环境心理学、设计美学、社会学、文学、史学、考古学、宗教学、环境生态学、环境行为学等诸多学科。

一、环境的概念

环境是一个极其广泛的概念，它不能孤立地存在，总是相对某一中心（主体）而言。环境研究的范畴涉及艺术和科学两大领域，并借助于自然科学、人文科学的各种成果而得以发展。从宏观层面上我们可以按照环境的规模以及与我们生活关系的远近，将环境分为聚落环境、地理环境、地质环境和宇宙环境四个层次。其中，聚落环境中城市环境和村落环境作为人类聚居的场所和活动中心，与我们生活和工作的关系最直接、最密切，也是环境艺术设计的主要研究对象。

聚落环境是包括原生的自然环境、次生的人工环境及特定的人文社会环境的总体环境系统。

（一）自然环境

这里的自然环境是指以人类自身为中心的、自然界尚未被人类开发的领域，也就是我们常说的地球生物圈。它是由山脉、平原、草原、森林、水域、水滨等自然形式，风、雨、霜、雪、雾、阳光等自然现象以及地球上存在的全部生物共同构成的系统。自然环境是人类社会赖以生存和发展的基础，对人类有着巨大的经济价值、生态价值以及科学、艺术、历史、游览、观赏等方面的价值。对自然环境的认识因东西方文化背景差异而不同。受基督教文化的上帝创世说的教化影响，欧洲古典文化中，自然作为人类的对立面出现在矛盾关系中。而在中国的古代文明中，自然原是自然而然的意思，包含着"自"与"然"两个部分，即包含着人类自身以及周围世界的物质本体部分。中国古代两大主流哲学派别儒家和道家都主张"天人合一"的思想，自然被看作是有生命的。这种追求人与自然和谐关系的自然观对今天的环境设计仍然有着重要的指导意义。

（二）人工环境

人工环境是指经过人为改造过的自然环境，如耕田、风景区、自然保护区等，或经人工设计和建造的建筑物、构筑物、景观及各类环境设施等适合人类自身生活的环境。建筑物包括工业建筑、居住建筑、办公建筑、商业建筑、教育建筑、文化娱乐建筑、观演建筑、医疗建筑等多种类型；构筑物包括道路、桥梁、堤坝、塔等；景观包括公园、滨水区、广场、街道、住宅小区环境、庭院等；环境设施则包括环境艺术品和公共服务设施。人工环境是人类文明发展的产物，也是人与自然环境之间辩证关系的见证。

（三）人文社会环境

人文社会环境是指由人类社会的政治、经济、宗教、哲学等因素影响而形成的文化与精神环境。在人类社会漫长的历史进程中，由于不同的自然环境和地域特征的作用，形成了不同的生活方式和风俗习惯，造就了不同的民族及其文化。而特定的人文社会环境反过来亦影响着人与自然的关系，影响着该地域人工环境的形式和风格。

由此可见，自然环境是人类生存发展的基础，创建理想的人工环境是人类自身发展的动力，我们所生存的聚落环境并非单纯的自然环境，也非单一的人工环境或纯粹的人文社会环境，而是由这三者综合构成的复杂的、多层面的生态环境系统。只有对环境有全面深刻的认识，才能真正有效地保护环境，合理地利用环境，建设美好的环境。

二、艺术与设计

艺术，是通过塑造形象反映社会生活的一种社会意识形态，属于社会的上层建筑。

设计，源于英语"design"，既是动词，也是名词，包含着设计、规划、策划、思考、创造、标记、构思、描绘、制图、塑造、图样、图案、模式、造型、工艺、装饰等多重含义。从本质上讲，设计就是一种为了使事物井然有序而进行的计划，是一个充满选择的过程。由于设计含义的宽泛性，在使用时一般要明确其具体范围，从而表达一个完整准确的思想，如环境艺术设计、建筑设计、家具设计、产品设计、软件设计等。

艺术与设计的基础是相同的。两者都具备线条、空间、形状、结构、色彩与纹理等共同的元素，这些元素又通过统一与多样、平衡、节奏、强调、比例与尺度等相同的原则联结起来。艺术中掺杂着设计，而不少设计作品也可以被称为艺术。二者之间的区别在于，设计是为了满足某种特定的需要，这种需要可能是某个具体的功能，如为公园设计无障碍设施；也可能是审美的需要，如设计具有中国传统装饰风格的起居空间。而艺术则更多地表达艺术家的个人情感，并无特定的目标和受众。如果一个设计作品不能满足其特定功能的要求，无论其是否具有艺术性，都不能算一个合格的设计作品。正因如此，设计可以称作科学与艺术相结合的产物，其思维具有科学思维与艺术思维的双重特性，是逻辑思维与形象思维整合的结果。

三、环境艺术

（一）环境艺术的概念与本质

"环境艺术"是指以人的主观意识为出发点，建立在自然环境美之外，为人对生活的物质需求和美的精神需要所引导而进行的艺术环境创造。它是人为的，可以存在于自然环境之外，但是又不可能脱离自然环境本体；它必须根植于特定的环境，成为融汇其中与之有机共生的艺术。我们可从以下几个方面来理解环境艺术的本质。

1. 环境艺术是空间的艺术

空间是物质存在的一种客观形式，由长度、宽度、高度表现出来。空间依赖实体的限定而存在，而实体则赋予空间不同的特征和意义。在我们生活的环境中，小到一座景观雕塑、一个电话亭、一个花坛，大到一栋建筑、一个公园、一片村落甚至一座城市，都占据一定的空间，并使这个空间具有一定的风格特征和含义。例如，居室通常由屋顶、墙面和地板等界面围合而成，而这些界面的形态、色彩、材料等则赋予该居室空间特定的环境氛围。因此，环境艺术就是关于空间的艺术，它所关注的是如何使我们所居住的空间在满足物质功能的同时，又能满足精神需求和审美需求。

2. 环境艺术是整体的艺术

我们可以从两个方面来理解"整体"的含义。

一方面，构成环境的诸多元素，如室内环境中的界面、家具、灯具、陈设，室外环境中的建筑物、广场、街道、绿地、雕塑、壁画、广告、灯具、小品、各类公共设施甚至光影、声音、气味等，并不是简单地堆积在一起，而是相互影响、彼此作用。各元素之间、元素与整体之间都有着密切的关系，如材料关系、结构关系、色彩关系、尺度关系等。只有通过一定的艺术设计原则处理好这些关系，将诸元素有机地组合起来，才能构成一个多层次的整体环境。因此，环境艺术也被称作"关系的艺术"。

另一方面，环境艺术是一门新兴学科和典型的边缘学科，是技术与艺术的结合，是自然科学与社会科学的结合。城市与建筑、绘画、雕刻、工艺美术以及园林之间的相互渗透促使"环境艺术"形成和发展。环境艺术的内容涵盖了建筑、规划、园林、景观、雕塑等各个领域，涉及城市规划、建筑学、艺术学、园艺学、人体工程学、环境心理学、美学、符号学、文化学、社会学、生态学、地理学、气象学等众多学科。当然环境艺术并不是上述这些专业的总和，而是具有极强的综合性。

3. 环境艺术是体验的艺术

环境是我们生活的空间场所，环境艺术不同于绘画等纯观赏艺术，是可以亲身体验的艺术。环境空间中的形、色、光、质感、肌理、声音等各要素之间构成各种空间关系，对身临其境的人们产生视觉、听觉、味觉、嗅觉、触觉等多重刺激，进而激发人的知觉、推理和联想，然后使人们产生情绪感染和情感共鸣，从而满足人们对物质、精神、审美等多层次的需求。

4. 环境艺术是动态的艺术

任何成熟的环境都是经过漫长的时间逐渐形成并且在不断变化的。从这个意义上说，环境艺术作品永远都处于"未完成"状态。环境艺术是人类文明的体现，只要人类社会发展，环境的变化就不会停止。每一次文化的进步、技术的发展，都会给环境建设的理念、技术、方法带来新的突破。因此，环境艺术是一个动态的、开放的系统，它永远处于发展的状态之中，是动态中平衡的系统。

环境是人类行为的空间载体，而人及其活动本身就是环境的组成部分，步行街上熙熙攘攘的人群、游乐园里嬉戏的儿童、广场上翩翩起舞的老人、湖畔牵手漫步的情侣，这一切都使环境充满了动感和活力。而同一环境也会随着人们观赏的时间、速度、角度的变化而呈现出多姿多彩的景观。

(二) 环境艺术的功能

环境艺术是实用的艺术，为人们提供了安全、舒适、方便、优美的生活环境，其核心是为了满足人们各种环境心理和行为需求。根据人的需求的多层次性和复杂性，我们可以将环境艺术的功能分为物质功能、精神功能和审美功能三个层面。

1. 物质功能

环境的物质功能体现在以下几个方面：第一，环境应满足人的生理需求。经过精心设计的环境空间，其大小、容量应与相应的功能匹配，能为人们提供具有遮风避雨、保温、隔热、采光、照明、通风、防潮等良好物理性能的空间；空间与设施的设计应符合人体工程学原理，满足不同年龄、不同性别人群的坐、立、靠、观、行、聚集等各种行为需求。例如，居住区环境中的休憩环境应为儿童提供游戏空间，为成年人提供交谈娱乐的空间，为老年人提供健身交往的活动空间等，而校园中的户外环境应满足师生进行课外学习、散步休息、集会、娱乐、缓解精神压力的需要。第二，环境应满足人们不同层次的心理需求，如对私密性、安全性、领域感的需求。公共环境还应促进人与人的交往。第三，随着人们生活水平的不断提高，对环境的认识水平不断加深，越来越多的人厌倦了城市钢筋水泥的冷漠和单调，厌倦了千篇一律、缺乏文化特色的环境，因此，环境艺术也应满足人们回归自然、回归历史、回归高情感的心理需求。

2. 精神功能

物质的环境往往借助空间渲染某种气氛，反映某种精神内涵，给人们的情感与精神带来寄托和某种启迪，尤其是标志性、纪念性、宗教性的空间，最为典型的是中国古代的寺观园林、文人园林，西方的教堂与广场，现代城市中的纪念性广场、公园及城市、商店、学校的标志性空间等，这就是环境艺术的精神功能。在此类环境中主要景观与次要景观的位置尺度、形态组织完全服务于创造反映某种含义、思想的空间气氛，使特定空间具有鲜明的主题。环境艺术可以通过形式上的含义与象征来表达精神内涵，如日本庭园中的"枯山水"，尽管不是真的山水，但人们由它的形象和题名的象征意义可以自然地联想到真实的山水。这种处理引起人情感上的联想与共鸣，有时比起真的山水更为含蓄和具有更为持久的魅力。也可以通过理念上的含义与象征烘托出环境的气氛。例如，中国古典园林在植物的应用上，首选的是那些常被赋予人文色彩的植物，如松、竹、梅、兰等。北宋理学家周敦颐说："菊，花之隐逸者也；牡丹，花之富贵者也；莲，花之君子者也。"

3. 审美功能

对美的感知是一个综合的过程，通过一段时间的感受、理解和思考从而做出某种美学上的判断。如果说环境艺术的物质功能是满足人们的基本需求，精神功能满足人们较高层次的需求，那么审美功能则满足人们对环境的最高层次的需求。

首先，环境艺术满足人们对形式美的追求。同绘画、雕塑以及建筑一样，环境艺术也是由诸多美感要素比例、尺度、均衡、对称、节奏、韵律、统一、变化、对比、色彩、质感等建立一套和谐、有机的秩序，并在此秩序中产生一定的视觉中心的变化，从而创造出引人入胜的景观。环境艺术中的意匠美、施工工艺美、材质美、色彩美组成了环境景观美，继而有助于带来人们的行为美、生活美、环境美。

其次，环境艺术可以创造意境美。所谓意境美可理解为一种较高的审美境界，即人对环境的审美关系达到高潮的精神状态。意境一说按字面来理解，意即意象，属于主观的范畴；境即景物，属于客观的范畴。一切艺术作品，也包括环境艺术在内，都应当以有无意境或意境的深邃程度来确定其格调的高低。对于意境的追求，在中国古典园林中表现得可谓淋漓尽致。由于中国古典园林是文人造园，与山水画和田园诗相生相长，并同步发展，因此，追求诗情画意是造园的最高境界。中国古典园林综合运用一切可以影响人的感官因素以获得意境美。例如，承德离宫中的万壑松风建筑群，拙政园中的留听阁（取意"留得残荷听雨声"）、听雨轩（取意"雨打芭蕉"）等，其意境之所寄都与听觉有密切的联系。另外，一些景观如留园中的闻木樨香、拙政园中的雪香云蔚等，则是通过味觉来影响人的感官的。此外，春夏秋冬等时令变化、雨雪雾晴等气候变化也成为创造意境的元素。例如，离宫中的南山积雪亭就是以观赏雪景最佳，而烟雨楼的妙处则在青烟沸煮、山雨迷蒙之中来欣赏烟波浩渺的山庄景色。中国古典园林还借助匾联的题词来破题，以启发人的联想来加强其感染力。

四、环境艺术设计的定义

从广义上讲，环境艺术设计涵盖了当代几乎所有的艺术与设计，是一个艺术设计的综合系统。从狭义上讲，环境艺术设计主要指以建筑及其内外环境为主体的空间设计。其中，建筑室外环境设计以建筑外部空间形态、绿化、水体、铺装、环境小品与设施等为设计主体，也可称为景观设计；建筑室内环境设计则以室内空间、家具、陈设、照明等为设计主体，也可称为室内设计。

具体而言，环境艺术设计是指设计者在某一环境场所兴建之前，根据其使用性质、所处背景、相应标准以及人们在物质功能、精神功能、审美功能三个层次上的要求，运用各种艺术手段和技术手段对建造计划、施工过程和使用过程中存在或可能发生的问题，做好全盘考虑，拟定好解决这些问题的办法、方案，并用图纸、模型、文件等形式表达出来的创作过程。

五、环境艺术设计的内涵

环境艺术设计是一门综合学科，具有深刻的内涵，环境艺术设计的宗旨是美化人类的生活环境，具有实用性和艺术性双重属性。

实用性是环境艺术设计的主要目的，也是衡量环境优劣的主要指标。环境艺术的实用性体现在满足使用者多层次的功能需求上，也反映在将想象转变为现实的过程中。为此，环境艺术设计必须借助科学技术的力量。科学，包括技术以及由此诞生的材料，是设计中的"硬件"，是环境艺术设计得以实施的物质基础。科技的进步创造了与其相应的日常生活用品及环境，不断改变着人们的生活方式与环境，设计师成了名副其实地把科学技术日常化、生活化的先锋。例如，计算机和互联网的广泛应用不仅缩短了时空的距离，提高了工作效率，也使人们体验到了虚拟空间的无限和神奇，极大地改变了人们的生活模式和交往模式。而新技术、新材料、新工艺对环境艺术设计的理念、方法、实施也起着举足轻重的作用。例如，各种生态节能技术与建筑的结合使生态建筑不再停留在想象和方案阶段上而变为现实。从设计这一大范围来说，设计就是使用一定的科技手段来创造一种理想的生活方式。

环境艺术设计的艺术性与美学密切相关，涵盖了形态美、材质美、构造美及意境美。这些都往往通过"形式"来体现。对形式的考虑主要在于对点、线、面、体、色彩、肌理、质感等各形式元素以及它们之间的关系的推敲，对统一、变化、尺度、比例、重复、平衡、韵律等形式美的原则的把握和运用。环境艺术设计的艺术性还在于它广泛吸收和借鉴了不同艺术门类的艺术语言，其中，建筑、绘画、音乐、戏剧等艺术对环境艺术设计的影响尤为突出。

艺术与科技的结合体现在形式与内容的统一、造型与功能的一致上。

第二节　环境艺术设计的要素

一、尺度

所谓尺度，是空间或物体的大小与人体大小的相对关系。在环境艺术设计中，尺度的概念包括了两方面的含义：一是空间中人的行为尺度因素，它是以满足功能要求为基本准则，同时影响到空间中人的审美；二是指人的文化尺度因素。

（一）尺度的意义

尺度有四个方面的意义：一是功能尺度，即把空间、家具便于使用的大小作为标准的尺度；二是尺度的比例，即指使目标物美观而合理的比例，如古代的黄金分割比等，作为地区、时代固有的文化遗产，与样式紧紧联系在一起；三是生产、流通所需的尺寸和作为规格的尺寸，是生产与消费主体同时出现的现代特征；四是作为设计师的工具尺度。每位设计师都具有不同的经验和各自不同的尺寸感觉及尺寸设计的方法。当然，大多数所遵循的是习惯、共通的尺度。

而人的尺度归根结底来自人本身。人和环境之间的尺度关系是通过人的身体尺度、人的感官和人在空间中的运动三个方面得以体现的，由此，人的尺度与空间的尺度也联系在一起了。不同的文化具有不同的空间尺度模式，于是，空间环境中的尺度也具有了文化内涵和人性色彩。

（二）空间与尺度

尺度的一个含义就是空间界面本身构造或装修的空间尺寸。这种主要满足于空间立面构图的尺度比例标准，在空间形象审美上具有十分重要的意义，同时，材料本身也扮演着尺寸度量的角色。

人们对空间的感受，来自形成空间的各个界面，主要的视觉感受也是来自界面。对设计师来说，空间界面构图的专业素质，是设计师基本艺术修养的体现。体现在室内设计上就是在于对特定空间界面材料构件尺度与比例的选择；面积的大小、线型的粗细、长宽比的确定等。可以说，某种特定的空间样式，只有相应的尺度比例才能使之得以实现。设计师的任务之一就是寻找这个最佳的尺度比例关系。

（三）尺度与比例

尺度作为尺寸的订制，比例作为尺度对比的结果，在空间造型创造中具有决定性的意义。尺度与比例是时空概念的客观存在，对于设计师来说，只有将它转换成主观的意识才具有实际的意义。这种将客观存在转换为主观意识的最终结果就是一个人"尺度感"的确立。一个人尺度感的获得主要来自人体本身尺度与客观世界物体的对比，人们总是按照自己习惯和熟悉的尺寸关系去衡量建筑的大小，于是就出现了正常尺度与超常尺度、绝对尺度与相对尺度的问题。在环境艺术设计中通过不同的尺度对比处理，就会产生完全不同的空间艺术效果。

对于一个人来说，某种尺度感一旦确立，就很难改变，而专业设计师也必须具备必要的尺度概念。例如，城市规划设计师需要确立以 km 为单位的尺度概念；建筑师需要确立以 m 为单位的尺度概念；室内设计师需要确立以 cm 为单位的尺度概念。

总之，空间环境的尺度比例控制并非只是一个单纯的尺度问题，而是一个复杂的综合过程。从视觉形象的概念出发，空间形象的优劣是以尺度比例为主要标准，平面布局、装修材料的组合，陈设用品的摆放，都与尺度比例密切相关。建筑的尺度、围合程度，环境空间的构成形态、各种室外活动设施的布置、软硬质地面的比例、人流空间的组织等因素，包括邻近的建筑群的细部处理，都会影响到整个构成空间的尺度感。

二、色彩

色彩具有最引人注意的特性，并对精神起到关联作用。色彩及其组合所表达的意义是最直接、最明确的，因而最容易为人们所感知，特别是在传统文化深厚的环境当中。不同色彩在不同的文化传统中，所包含的意义也是不同的。

同样，色彩也是塑造视觉中心的有效手段之一。人对色彩的知觉是一个牵涉到物理、生理和心理等多方面因素的问题，不仅受物体大小、形状、距离等客观条件的影响，还会受人本身心理因素的影响。可以说，对于色彩，由于时代及文化等原因，其评价标准也不断变化；根据与材料的关系及使用目的的不同，对于相同的颜色有时也会有完全不同的评价。

（一）材料质地与色彩

实体由材料组成，这就带来肌理的问题。肌理即材料表面组织结构所产生的视感，每种材料都有其特殊的肌理，而不同的肌理也有助于实体表达不同的情感。

环境中每种材料的色彩和质感都在人们心中产生相应的视觉、触觉等方面的印象。

材料质地本身就有美感的一面，也常作为具有表现力的造型要素。例如，小石子铺的路面和墙面表现出拙朴、宁静、粗犷的美；高精度面材则表现出另一种效果，如平滑的塑料、镜面玻璃以及各种有色泽的面材会展示出不同特质的华贵与精美的感觉；不规则的纹理具有动感和自由的气质，而规则的纹理则可以形成一定的秩序感；天然木材给人亲切的感觉。这也就是对于材质的视觉感应，能对环境赋予一种真实感。

当然，材料色彩与肌理的效果，同样会影响到环境空间的尺度感，因此，还应该同视距结合起来考虑。根据芦原信义的研究，在 20~25m 的距离以内，人们可以清晰地感受到裸露混凝土的质感，就是所谓的第一视感；在 20~25m 以外，裸露混凝土的质感就消失了，重复运用的沟槽在整个构成上开始形成视觉效果；在 48~60m 处，按不规则间隔设置的沟槽能特别有效地起作用，形成第二视感；而当距离超过 120m 时，以沟槽构成的质感也失效了，而面的感觉开始大大加强。完全相同的造型，由于所用材料质地的不同也会产生不同的效果。同样的道理，材料、质感、色彩、搭配等元素，只要有一种发生了变化，其效果（表达的意义）就可能面目全非。因此，设计师不仅要关注材料的受力特点、拼接方法、节点构造、表面处理以及各种材料之间的搭配关系，还要根据材料本身的肌理和色彩特性，尽量发挥各种材料的优势，创造出具有美感的视觉形象来。

（二）色彩设计的基本要求与方法

1. 色彩设计的基本要求

在进行色彩设计时，设计师应首先了解与色彩密切相关的一些问题，如空间的使用性质。一是不同使用功能的空间对色彩有不同的要求。如日本某美术馆入口水池以莫奈的名画作为池底装饰图案，不仅与建筑物的使用性质相吻合，而且提供了与水结合的色彩效果。二是空间的大小、尺度与形式。色彩可以按照不同空间的大小、尺度和形式强调或减弱。三是空间的方位。不同方位在自然光线作用下呈现出的色彩、冷暖都是不同的。如沈阳故宫崇政殿外檐柱头，虽然总是处在阴影之中，但是由于彩画颜色非常丰富、微妙，常常令人驻足。四是空间的使用者。不同年龄、身份背景、职业、性别的使用者对色彩的要求各有差异，如有过海外生活经历的中年夫妻的家可以增加一些国外的元素。五是周围环境。色彩与环境背景密切相关，物体之间的色彩也会产生相互影响。

2. 色彩设计的基本方法

确定主色调。环境空间色彩应有主调或基调，环境风格、气氛都通过主调来体现。对于较大规模的环境空间，主调应贯穿整个环境，并在此基础上考虑局部的适当变化。主调的确定是一个决定性的步骤，必须与环境所欲表达的主题相协调，需要在众多色彩设计方案中进行遴选。因此，以什么为背景、主体和重点，是色彩设计首先应考虑的问题。同时，不同色彩物体之间的色彩关系又形成了多层次的背景关系。那么，可以把环境色彩概括为四大部分。

第一，大面积色彩，对其他物体起衬托作用的背景色。例如，室内墙面、地面、天棚等，占有很大面积并起到衬托其他物体的作用。第二，家具色彩。家具是表现环境艺术风格的重要因素，与背景色关系密切，常成为环境整体效果的主体色彩。第三，陈设色彩。陈设包括室内织物、用品设备、艺术品等，常作为重点色彩或点缀色彩。第四，绿化色彩。绿化植物色彩与其他色彩容易协调，对于丰富空间环境、塑造空间意境和软化空间机体都有着主要作用。

色彩的协调统一。确定主调后，首先考虑各种色彩的部位及分配比例。作为主色调，一般占有较大的面积，而次色调作为与主色调相协调（或相对比）的色彩，只占较小的比例。色彩的统一，还可以通过限定材料来实现，如选用同样材质的木材、织物等。

加强色彩的魅力。背景色、主体色和强调色三者之间的关系是相互影响、相互关联的，既要有明确的图的关系、层次关系和视觉关系，又要灵活处置。

第一，色彩的重复与呼应。这意味着将同一色彩在所有关键部位重复使用，使其成为控制整个环境的关键色，并使色彩之间相互联系，形成彼此呼应的关系，从而取得视觉上的联系并唤起视觉运动。第二，色彩的节奏与韵律。色彩按照一定规律进行布置，能形成某种韵律感。色彩的韵律感不一定要大面积使用，但可以用在位置邻近的物体上，使不同物体之间由于色彩的关系而更具内聚力。第三，色彩的对比与衬托。色彩由于相互对比而得到加强，视觉很容易集中在对比色上。通过对比，颜色本身的特性更加鲜明，从而加强了色彩的表现力。对比包括色相的对比和明度的对比。

3. 色彩设计的一般规律

（1）在明度、彩度方面

空间的顶棚宜采用高明度、低彩度；地面宜采用低明度、中彩度；墙面宜采用中间色构成。

（2）色彩的面积效果

在色彩设计上尽量不用高明度、高彩度的基色系统构成大面积色彩；色彩的明度、彩度都相同，但因面积大小不同而效果不同。大面积色彩比小面积色彩的明度和彩度值看起来都要高。因此，用小的色标去确定大面积墙的色彩时，可能会造成明度和亮度过高的现象。决定大面积色彩时应适当降低其明度与彩度。

（3）色彩的识认性

色彩有时在远处可看清楚，而在近处却模糊不清，这是受背景色的影响。清楚可辨认的颜色叫识认度高的色，反之则叫作识认度低的色。识认度在底色和图形色差别大时增高，特别是在明度差别大时更会增高，以及受到当时照明情况和图形大小的影响。

（4）色彩的距离

相同距离下观看，有的颜色比实际距离看起来近（前进色），而有的颜色则看起来比实际距离远（后褪色）。一般来说，暖色（R、YR、Y系统）进出、膨胀的倾向较强，是前进色；冷色（G、BG、B系统）后退、收缩的倾向较强，是后褪色；明亮色为前进色，暗色为后褪色；彩度高的颜色为前进色，彩度低的颜色为后褪色。

相较而言，大面积色彩具有较高明度、高彩度，因此，要充分考虑施色的部位、面积及照明条件。

被黑色包围的灰色与被白色包围的灰色尽管具有相同的明度，但被黑色包围的灰色看上去更白一些。

（三）室内色彩的分配

1. 墙面色

在室内墙面对创造室内气氛起到支配的作用。墙面暗时，即使照度高也会使人感到压抑。在墙面用色上，暖色系的色彩能产生活泼温暖的感觉；冷色系色彩会引起寒冷的感觉；明快的中性色彩可引起人们明朗愉快的感觉。

2. 地面色

地面色不同于墙面色，采用同色系时强调明度的对比效果不明显。

3. 天花板色

多数情况下，天花板可用白色或接近于白色的明亮色，这是最安全的做法。当采用与墙面同一色系时，天花板应比墙面的明度更高一些。

4. 装修配件色

门框、窗框的色彩不应与墙面形成过分的对比，一般采用明亮色。为了统一各个房间，设计师可采用中明度的蓝灰色、浅灰色；墙面较暗时，可采用比墙面明亮一些的颜色。窗扇一般处在逆光的情况下，色彩不可过深。

5. 家具色

作为办公等功能性较强的家具，如桌子可以稍微深一些，采用无刺激的色相和彩度低的色彩，能够较好地衬托书籍纸张；搭配暖色系的墙面，家具一般选用冷色系或中性色；搭配冷色系或无彩色的墙面，家具采用暖色系会有衬托效果。

三、材料

（一）材料与质地

环境中所用材料的质地，即它的肌理、纹理与线、形、色一样都能传递信息。材料的质感能够同时反映在视觉和触觉上，因此质感给予人的美感中还包括了快感，比单纯的视觉感受还胜一筹。自然界的材料多种多样，不同的材料，如金属、陶瓷、塑料、木材、石材、织物、皮革、玻璃、橡胶等，都具有不同的质地，所表达的感觉也有所不同。

1. 粗糙与光滑

表面粗糙的材料有石材、未加工的原木、粗砖、磨砂玻璃、长毛织物等；光滑的材料有玻璃、抛光金属、镜面石材、釉面陶瓷、丝绸等。同样是粗糙的质地，不同材料具有不同的质感。如粗糙的石材壁炉和长毛地毯的质感是截然不同的：一硬一软、一轻一重，后者比前者有更好的触感。光滑的金属镜面和丝绸，其质地也有很大差异，前者坚硬，后者柔软。

2. 软与硬

许多纤维织物都有柔软的触感，如羊毛织物虽然可以织成光滑或粗糙的质地，但摸上去都会令人感觉愉快；棉麻为植物纤维，它们都耐用且柔软，常作为轻型蒙面材料或窗帘；而化纤织物虽然品种繁多，易于保养，价格低，防火性能也好，但是触感却不太舒服。硬的材料如砖石、金属、玻璃，耐用且耐磨，不变形，线条挺拔。而且，硬质的材料多数有很好的光洁度。

3. 冷与暖

质感的冷暖表现在身体接触、坐卧等处，都要求柔软且温暖的质感；而金属、玻璃、大理石等虽然是高级的材料，但若用多了却可能产生冷漠的感觉。在视觉上由于色彩的不同，其冷暖感觉也不同。如红色花岗石虽然触感冷，但视觉效果还是暖的；而白色羊毛虽然触感暖，但视觉效果却是冷的。因此，选择材料时，两方面的因素都要考虑到。木材具有独特的优势，它比织物冷，但比金属、玻璃暖；比织物要硬，但比石材软。它既可作为承重结构，又可作为装饰材料，而且便于加工，因而广泛应用于环境艺术设计中。

4. 光泽与透明度

许多经过加工的材料具有很好的光泽度，如抛光金属、玻璃、石材等，光泽表面的反射作用能扩大环境的空间感，同时反射出周围的物体，是活跃环境气氛的最佳选择。而且，光泽的表面易于清洁。透明度是材料的另一个重要特征。常见的透明、半透明的材料有玻璃、丝绸、有机玻璃等，利用透明材料可扩大空间的广度和深度。从空间感上来说，透明材料是开放与轻盈的，而不透明材料是封闭且私密的。

5. 弹性

人们之所以感觉走在草地上比走在混凝土地面上舒服、坐在沙发上比坐在硬板凳上舒服，是因为材料弹性的反力作用，这是软质或硬质的材料都无法达到的。

弹性材料包括竹子、藤、木材、泡沫塑料等。弹性材料主要用于地面、座面等。

6. 纹理

材料有水平的、交错的、曲折的自然纹理，对其善加利用会使之成为环境中的亮点。

（二）材料的特性与运用

材料除了具有视觉和感觉上的特性外，在使用过程中也会表现出一定的抗耐性，我们把它分为五个等级：佳、好、可、差、劣。

虽然可以把材料的不同抗耐性做一个等级比较，但抗耐性并非材料选择的唯一标准，比如，廉价的人造纤维地毯的耐磨性和耐水性比纯羊毛地毯要高，但在外观和弹性上却远不及羊毛地毯。因此，应综合考虑各种因素，以做出最适当的选择。

木材质轻、强度高、韧性好、热工性能佳，且具有手感、触感好等特点，而且纹理和色泽优美，易于着色和油漆，便于加工、连接和安装。但须注意防火和防蛀处理，表面的油漆或涂料应选用环保涂层。

四、家具

家具是人们生活、工作的必需品，人们的大部分活动都离不开家具的依托，而且，家具在室内外空间中占有很大比例，对环境效果起着重要的影响作用。家具的使用、设计与社会生产技术水平、政治制度、生活方式、文化习俗、思想观念以及审美意识等密切相关。可以说，家具的发展历史就是人类文明发展的历史。

（一）家具的发展与风格特征

家具的发展与科技、艺术密不可分，家具作为建筑室内空间的组成部分，往往与建筑的发展同步。在家具的发展史上经历了一轮又一轮的设计运动和风格流派的演绎、更迭。对于室内设计中的家具设计而言，了解家具发展历史背景及其表现风格，有助于正确处理家具与空间的关系。

1. 中国传统家具

根据象形文、甲骨文和商、周代铜器的装饰纹样推测，当时已产生了几、榻、桌、案、箱柜的雏形。从商周到秦汉时期，由于人们以席地跪坐方式为主，因此家具都较矮。魏晋南北朝时期家具形制发生了变化，家具开始由低向高发展，出现了高型坐具，这是中国家具史上一个重要的转折标志。到隋唐时期，随着人们的习惯逐渐由席地而坐过渡到垂足而坐，家具尺度进一步增高。但席地而坐的习惯同时存在，于是出现了高、低家具并用的局面，家具设计也已趋于合理、实用，尺度与人体的比例相协调。唐代已出现了定型的长桌、方凳，直至五代，我国的家具在类型上已基本完善。到了宋辽金时期，高型家具已经普及，家具造型轻巧，线脚处理细腻丰富。北宋大建筑学家李诫的巨著《营造法式》对家具结构形式的影响巨大，把建筑中的梁、枋、柱等运用到家具中来。元代在宋代家具的基础上又有所发展。明清家具代表了我国家具艺术发展的最高成就，特别是造型艺术达到很高水平，形成我国传统家具的独特风格。明式家具以其重视人体舒适度、形式简洁、构造科学、比例适度、线条优美、重视天然材质纹理、色泽的表现而著称于世。清代家具在明式家具构造的基础上，加入大量的雕花及镶嵌装饰，形式趋于华丽、繁复，也忽视了家具结构的合理性和人体的舒适度。

2. 西方古典家具

古埃及、古希腊、古罗马时期的家具（约公元前 16 世纪至公元 5 世纪）有桌椅、折凳、榻、橱柜等，座椅四腿大多采用动物腿形，显得粗壮有力。家具上往往雕刻着精美的人物和动植物纹样，显得特别华丽。

哥特式家具由哥特式建筑风格演变而来，以高耸、瘦长造型及哥特式尖拱的花饰和浅浮雕形式为装饰主体，强调垂直线条。

文艺复兴时期的家具是在哥特式家具的基础上，吸收了古希腊和罗马家具的特长。在风格上，一反中世纪家具封闭沉闷的态势；在装饰题材上，消除了宗教色彩，显示出更多的人情味；镶嵌技术更为成熟，还借鉴了不少建筑装饰的要素，箱柜类家具有檐板、檐柱和台座，并常用涡形花纹和花瓶式的旋木柱。

巴洛克风格家具完全模仿建筑造型的做法，习惯使用流动的线条，使家具的靠背面成为曲面，使腿部呈 S 形。巴洛克家具还采用花样繁多的装饰，如雕刻、镀金、涂漆、镶嵌象牙等，在坐卧家具上还大量使用纺织品做蒙面。

洛可可风格家具是在巴洛克家具的基础上发展起来的。它吸收并发展了巴洛克家具曲面、曲线形成的流动感。它以复杂多变的线形模仿贝壳和岩石，在造型方面更显纤细和花哨，且不强调对称、均衡等规律。洛可可家具以青白两色为基调，在此基调上饰以石膏浮雕、彩绘、涂金或贴金。中国风格流行也是这个时期的特色。

新古典风格的家具也称路易十六式家具，这种风格抛弃了洛可可的曲线结构和虚伪装饰，以直线代替了曲线，以对称结构代替了非对称结构，以简洁明快的装饰纹样代替了烦琐隐晦的装饰，造型设计中将重点置于结构本体上，而不在家具的饰面上。

3. 现代家具

19 世纪末至今，现代家具的崛起使家具设计飞速发展。设计者研究人们的行为活动特征，研究现代人的生活新变化，并开始了对新材料及新工艺的探索。现代家具设计把家具的功能性作为设计的主要因素；注重利用现代生产工艺和新材料，适合工业化大生产的要求；充分发挥材料本身的特性及其构造特点，展示材料固有的本色。

20世纪50年代后，新家具的创作阵地转移到了美国。美国先后出现了许多著名的家具设计师。除此以外，北欧诸国结合本地区的材料并利用传统木工技术特点，采用胶合板、合成材料等新材料，创造出符合观念、做工细腻、造型优雅、色泽淡雅而美观实用的北欧风格家具，成为世界家具设计历史的另一个高峰。

20世纪60年代以后，意大利家具在家具界异军突起。它另辟蹊径，以更具可塑性、更便宜、色彩更加丰富的"塑胶"为家具材料，再以意大利传统的艺术造诣和天才气质而成为世界家具界的领头羊。

20世纪70年代，家具的设计进一步切合工业化生产的特点，组合家具、成套办公家具成了这一时期的代表作。

20世纪80年代后，家具设计风格多样，出现了多元并存的局面。高科技派着力表现工业技术的新成就，以简洁的造型、裸露材料和结构等手法表现所谓的"工业美"。新古典主义又称形式主义，则注重象征性的装饰，表达对古典美的怀恋之情。也是在这个时期，仿生家具、宇宙风格等家具纷纷问世。

（二）家具的分类

室内家具的类型丰富，且都与人的各种活动密切相关，通常按其使用功能可分为如下几类：

坐卧类——支持整个人体的椅、凳、沙发、卧具、躺椅、床等。

凭倚类——进行各类操作活动的桌子、茶几、操作台等。

贮存类——存放物品用的橱柜、货架、搁板等。

展示类——陈列展示用的陈列柜、陈列架、陈列台等。

此外，还可以按制作材料分为木制家具、藤家具、竹家具、金属家具、塑料家具等类型；按构造体系分为框式家具、板式家具、注塑家具、充气家具等类型。

（三）家具在室内环境中的作用

1. 明确使用功能，识别空间性质

家具是空间性质最直接的表达者，家具的类型及其布置形式能充分反映出空间的使用目的、等级以及使用者的喜好、地位、经济条件等特征。

2. 利用空间、组织空间

家具常常成为分隔空间的一种手段，既可提高空间的使用效率，丰富空间层次，提升

空间的趣味性，又可减轻建筑物自身的荷载，而且方便灵活，能适应不同的功能要求。

3. 塑造艺术风格

由于家具在室内空间所占比例较大，体量突出，因此成为塑造室内空间的重要因素。而家具和建筑一样，受到各种艺术思潮的影响，其风格也总是处在变化之中，因此，家具的设计和布置需要与整体环境设计协调一致。

(四) 家具的选配

室内设计师应该具备家具设计的知识和能力，但室内设计师毕竟不是家具设计师，故其主要任务往往不是直接设计家具，而是从环境总体要求出发，对家具的尺寸、风格、色彩等提出要求，或直接选用现成家具，并就家具的布局提出具体的意见。

1. 确定类型和数量

室内家具的多少，要根据使用要求和空间大小来决定，在诸如教室、观众厅等空间中，家具的多少是严格按学生和观众的数量决定的，家具的尺寸、行距、排距在相关规范中都有明确的规定。在一般房间，如卧室、客房、门厅中，则应适当控制家具的类型和数量，在满足基本功能要求的前提下，尽量留出较多的空地，以免给人以拥挤不堪、杂乱无章的印象。

2. 选择合适的款式和风格

家具款式不断翻新，在选择家具款式时，应把适用放在第一位考虑，注重使用效率和经济效益。而风格的选择则取决于室内环境整体风格的确定，应把握整体协调的原则。

3. 确定合适的格局

格局问题的实质是构图问题。总的说来，陈设格局可分规则式和不规则式两大类。规则式多表现为对称式，特点是有明显的轴线，严肃、庄重，因此，常用于会议厅、接待厅和宴会厅，主要家具大多围成圆形、方形、矩形或马蹄形。

不规则式的特点是环对称，没有明显的轴线，气氛自由、活泼、富于变化，因此，常用于休息室、起居室、活动室等。这种格局在现代建筑中最常见，因为它随和、新颖，更适合现代生活的要求。

不论采取哪种格局，家具布置都应符合有散有聚、有主有次的原则。一般来说，空间小时，宜聚不宜散；空间大时，宜适当分散，但一定要分主次。在设计实践中，可以某件家具为中心，围绕这个中心布置其他的家具，也可以把家具分成若干组，使各组之间符合聚散主次的原则。

（五）家具布置的基本方法

家具的布置，实际上是在规范和影响人们的行为和相互关系，同时还可以强化空间的私密感、安全感和领域感。

1. 周边式

家具沿四周墙布置，留出中间空间位置，空间相对集中，易于组织交通，便于布置中心陈设。

2. 岛式

将家具布置在室内中心部位，留出周边空间，强调家具的中心地位，显示其重要性和独立性，周边的交通活动不会影响中心区。

3. 单边式

将家具集中在一侧，留出另一侧空间（常成为走道）。动静分区明确，干扰小，线性交通。当交通线布置在房间的短边时，交通面积最节省。

4. 走道式

将家具布置在室内两侧，中间留出通道，节省交通面积，但交通对两侧都有影响。

五、室内陈设设计

室内陈设设计是对包括家具、电器、灯具、艺术品、绿色植物、织物等陈设品的选择与布置。它是对室内设计创意的完善和深化，其宗旨就是创造一种更加合理、舒适、美观的室内环境。室内陈设的目的和意义，在于它能够表达一定的思想内涵和精神文化。它对室内空间形象的塑造、气氛的表达、环境的渲染起着其他物质所无法代替的作用。

从广义上讲，室内空间中除了围护空间的建筑界面以及建筑构件外，一切实用或非实用的可供观赏和陈列的物品，都可以作为室内陈设品。

（一）室内陈设的分类

室内陈设种类繁多，根据性质可大略分为四大类。

1. 纯观赏性物品

主要指不具备实用功能，但具有审美和装饰的作用，或具有文化和历史意义的物品，如艺术品、高档工艺品、绿色观赏植物等。

2. 集实用性与观赏性于一体的物品

指既有特定的实用价值，又有良好的装饰效果的物品，如家具、家电、器皿、织物、书籍等。

3. 因时空改变而发生功能改变的物品

指原先具有实用功能的物品，随时间推移或地域改变，其实用功能已丧失，但时审美和文化价值得到提升，如古代服饰、建筑构件等。

4. 原先无审美功能，经艺术处理后成为陈设品的物品

干枯的树枝经过处理后变成了装点气氛的陈设品，等等。

(二) 室内陈设设计的作用

室内陈设艺术在现代室内设计中的作用主要体现在如下几方面。

1. 表达空间主题，营造空间氛围，进一步强化室内风格

特定的空间有其特定的中心目的，设计的各层面均应围绕这一中心概念展开。陈设设计有时成为表达空间主题的重要手段，某些陈设品还具有很强的象征意义。另外由于陈设品本身的造型、色彩、图案及质感反映了一定的历史文化、风俗习惯、地域特征，能给人更大的想象空间，对室内风格起着较大的明确与强化作用。

2. 创造二次空间，丰富空间层次

在室内设计中利用家具、艺术品、织物、绿植、水体等陈设营造二次空间，可使空间层次更加丰富，更加贴近人的生活，使室内空间更富层次感。

3. 反映使用者的爱好和生活情趣

某些陈设品具有很强的个人感情色彩，是使用者充分表达个人爱好的最直接语言，能反映出其职业特征和品位修养。同样装修的空间中不同的陈设品可以营造不同的个性，因此，陈设品往往是表现自我的最直接手段之一。

(三) 室内陈设的选择与布置

陈设品均有自己的个性，只有当陈设对室内的实用功能与空间艺术效果起到积极作用时，才真正产生其自身的空间意义。选择与布置陈设品有时是同时完成的，因为布置的地方和功用直接影响了选择。通常会根据一些形式法则，如均衡、统一与变化、节奏韵律、主次分明来帮助陈设。要想达到良好的最终效果，细致地考虑陈列方式显得尤为重要。除此之外，还应考虑以下几个方面。

1. 考虑空间功能细化的要求

有相当部分的陈设品具有实用功能，布置时可考虑该区域功能上的一致性，有时还需要考虑人的使用状态。

2. 研究空间的风格与主题

不同功能的空间需要用不同的陈设品来烘托气氛。在布置陈设品的时候，应根据主题有序地陈列，找到这些陈设品本身的逻辑关系，如讲故事般呈现在相应的位置。在一些特殊情况下，陈设品的风格也可以与整体环境风格形成对比，以增加趣味中心。

3. 考虑空间尺度的匹配

陈设品的布置应与空间的尺度相适应。一般情况下，尺度较大的空间如酒店大堂，可布置一些大尺度的陈设品以加强空间气势；而尺度小的地方如客房则可以布置一些小而精的陈设品，把更多的空间留给使用者。

4. 研究空间的形体、色彩和材质

除了空间尺度以外，陈设品还应与空间环境（背景）的形体变化、色彩和材质结合起来考虑，尝试找到陈设品在形态色彩和材质上与周围空间的相关因素的联系来表达空间性格。

5. 考虑观赏效果

陈设品更多的时候是用来观赏的，布置陈设品时应从使用者的观赏状态、观赏视线及观赏角度出发，寻找最佳角度和位置。比如，在雕塑的周围应留有一定的空间，以便人们全方位地观赏；在墙上悬挂画作，除了考虑画作的内容形式与尺寸大小等外，还应考虑悬挂方式、悬挂高度与视平线的关系以及照明效果等因素。

六、室内织物

用于室内的纤维织物统称为室内织物，包括窗帘、地毯、家具面料、墙布、挂毯以及桌布等。这些物品共同的特征是具有柔软的质感，不仅在触觉上给人舒适的感觉，还具有吸声性能、隔声性能及隔热效果，从古至今得到广泛应用，是室内不可或缺的元素之一。由于织物在室内的覆盖面积大，因此，对室内的气氛、格调和意境等起很大的作用。而且，室内织物易于更换，能充分表现居住者的个性。在现代人的生活中，室内织物所起的作用越来越重要。

（一）窗帘

窗帘是由布、麻、纱、铝片、木片、金属材料等制作的，具有遮阳隔热和调节室内光线的功能。布帘按材质分有棉纱布、涤纶布、涤棉混纺、棉麻混纺、无纺布等，不同的材质、纹理、颜色、图案等综合起来就形成了不同风格的布帘，可以配合不同风格的室内来设计窗帘。

窗帘的控制方式分为手动和电动。手动窗帘包括手动开合帘、手动拉珠卷帘、手动丝柔垂帘、手动木百叶、手动罗马帘、手动风琴帘等等。电动窗帘包括电动开合帘、电动卷帘、电动丝柔百叶、电动天棚帘、电动木百叶、电动罗马帘、电动风琴帘等等。随着不断的发展，窗帘已成为居室不可缺少的功能性和装饰性完美结合的室内装饰品。

窗帘的主要作用是将室内与外界隔绝，保持居室的私密性，同时它又是家装中不可或缺的装饰品。冬季，窗帘将室内外分隔成两个世界，给屋里增加了温馨的氛围。现代窗帘既可以减光、遮光，以适应人对光线不同强度的需求；又可以防火、防风、除尘、保暖、消声、隔热、防辐射、防紫外线等，改善居室气候与环境。因此，装饰性与实用性的巧妙结合，是现代窗帘的最大特色。

（二）地毯

阿克明斯特地物以类聚织机等的相继发明制造，使得用机器编织地毯成为可能。20 世纪 50 年代后，织机被开发出来并用大批量生产，地毯终于成为一般大众的生活用品。

作为地面材料的地毯，具有如下特征：步行性好，保温性好，吸声性好具有适度的弹性、防火性、装饰性、耐久性，节能等。

从制造方法来说，手工地毯多用于房间的局部；机织地毯更适合从墙壁到墙壁的满铺方式。钩针编结的地毯是在基布上用穿孔机进行手工刺绣，可以制造出自由的图案和颜色；针绣地毯是用针在基布上做出突出纤维的纹路，可以做出呢绒状地毯。地毯的素材以毛类为最高级，其他多采用尼龙、混纺等。调整颜色图案或变化绒毛处理就可以改变地毯的设计。因此，地毯最大的特点就是便于按需订购。

绒毛的处理有圈毛和剪毛两种，还可以调整绒毛的长度。仅仅通过颜色、图案和绒毛的处理就能得到变化丰富的地植设计。

从制作材料来说，地毯分为化纤地毯、羊毛地毯、麻地毯等品种；尽管地毯有不同的材料及样式，却都有着良好的吸声、隔声、防潮的作用。居住楼房的家庭铺上地毯之后，可以减轻对楼下的噪声干扰。地毯还有防寒、保温的作用，特别适宜风湿病人的居室使用。羊毛地毯是地毯中的上品，被人们称为室内装饰艺术的"皇后"。

手工编织的纯毛地毯是采用优质绵羊毛纺纱，用现代染色技术进行染色，由编织工人依据设计图稿手工编织而成，再以专用机械平整毯面或剪出凹形花的周边，最后用化学方法洗出丝光。手工编织地毯在我国新疆、内蒙古、青海、宁夏等地有悠久历史，国外如伊朗、印度、巴基斯坦、土耳其、澳大利亚等国也有生产。由于地毯文化的不同，因而在地毯的花纹、色彩、样式上形成了各自不同的地域风格。

机织纯毛地毯由于采用机器化生产，提高了工效，节省了人力，故价格低于手工编织地毯，但其性能与手工编织纯毛地毯相似，是介于手工编织纯毛地毯与化纤地毯之间的一种中高档地毯，常用于宾馆、会议室、宴会厅、住宅等地方。

化纤地毯是以化学合成纤维为原料加工成面层织物，与背衬材料胶合而成。

按所用的化学纤维不同，地毯可分为丙纶化纤地毯、腈纶化纤地毯、锦纶化纤地毯、涤纶化纤地毯等。按编织方法不同，地毯还可分为簇绒化纤地毯、针扎化纤地毯、机织化纤地毯及印刷化纤地毯等。

第三节　环境艺术设计的目的

一、以满足人的需求为核心

环境艺术设计的首要目的是通过创造室内外空间环境为人服务，设计始终把使用和精神两方面的功能放在首位，以满足人和人际活动的需要为设计的核心，综合地解决使用功能、经济效益、舒适美观、艺术追求等各种要求。这就要求设计者具备人体工程学、环境心理学和审美心理学等方面的知识，科学地、深入地研究人们的生理特点、行为心理和视觉感受等因素对室内外空间环境的设计要求。

人类普遍具有五种主要需求，由低到高依次是：生理需求、安全需求、社会需求、自尊需求和自我实现需求。在不同的时间、不同的环境，人们各种需求的强烈程度会有所不同，总有一种占优势地位。

这五种需求都与室内外空间环境密切相关，如生理需求——空间环境的微气候条件；安全需求——设施安全、可识别性等；社交需要——空间环境的公共性；自尊需求——空间的层次性；自我实现需求——环境的文化品位、艺术特色和公众参与等，都可以发现它们之间的对应性。只有当某一层次的需求获得满足之后，才可能使追求另一层次的需求得以实现。当一系列需要的满足受到干扰而无法实现时，低层次的需要就会变成优先考虑的对象。因此，环境空间设计应在满足较低层次需求的基础上，最大限度地满足高层次的需求。随着社会的日新月异，人的需求亦随之发生变化，使得这些需求与承担它们的物质环境之间始终存在着矛盾。一种需求得到满足之后，另一种需求又会随之产生。正是由于这个永不停息的动态过程，才使得我们建设空间环境的活动和研究始终处于不断延续和发展的过程当中。

二、地域性与历史性

既然城市空间总是处于一定地域和时代的文化空间，就必然离不开地域的环境启示，也不可能摆脱时代的需求和域外文化的渗透。各个地区具有文化差异，必定会存在不同的原则。虽然在功能性、合理性方面，各地区具有共同点，但是在历史、传统和地区文化方面，必须承认其多样性。可以说，地域差异是永远存在的，但是不同区域的文化差异同样应得到尊重。外来的力量和影响相互融合，它们的冲突与协调，对于推进城市空间文化的发展同样重要。由于地域主义是地方文化传统与世界性文化模式这一矛盾的对立统一，所受文化和传统的影响千差万别，时代背景也不同，因此，现代城市空间环境也带有各个时期和不同地域范围的特征。

我们也看到，当今世界尽管各民族都有自身的利益，但不同民族的存在和文化正受到比以往任何时候都要多的尊重；同样，在每个民族内部，不同的价值选择也应受到更多的尊重。因此，在发展中国家，虽然现代模式适应快速发展，但复兴民族传统文化的愿望使得地域主义表现出非凡的活力。而且，在不同民族、文化与价值观念的交往中，艺术可以显示出特有的宽容，因而自然地充当了交流的纽带，使不同的文化交织在一起。这就要求我们不仅要提高对相同文化的研究和总结，还要对陌生文化具备跨文化的沟通、思考与交融的能力。积极发展多元文化与地域文化，以自己的文化成就，构建新时代的具有文化内涵的环境空间。

三、科学性与艺术性

从建筑和室内设计的发展历程来看，新风格与潮流的兴起，总是和社会生产力的发展水平相适应。社会生活和科学技术的进步、人们价值观和审美观的转变，都促进了新型材料、结构技术、施工工艺等在空间环境中的运用。环境艺术设计的科学性，除了物质及设计观念上的要求外，还体现在设计方法和表现手段等方面。

环境艺术设计需要借助科学技术的手段，来达到艺术审美的目标。因此，人性化的科技系统将被更多的设计师所掌握，它说明了环境艺术设计科技系统渗透着丰富的人文科学内涵，具有浓厚的人性化色彩。自然科学的人性化，是为了消除工业化、信息化时代科学对人的异化、对情感的淡忘。如今节能、环保等许多前沿学科，已进入环境艺术设计中，而设计师设计手段的计算机化，以及美学本身的科学化，又开拓了室内设计的科学技术天地。

建筑和室内环境正是这种人性化、多层次、多向度的大综合，是实用、经济、技术诸物质性与审美的综合，受各种条件的制约。因此，没有高超的专业技巧，是难以实现从物质到精神转化的。

四、整体的环境观

现代环境艺术设计需要对整体环境、文化特征及功能技术等多方面进行考虑，使得每一部分和每一阶段的设计都成为环境设计系列中的一环。

"整体设计"注重能量的可循环、低能耗/高信息、开放系统/封闭循环、材料恢复率高、自调节性强、多用途、多样性/复杂性、生态形式美等。实际上，整体化和立体化也是环境艺术设计的重要观点。

建筑室内外空间环境就是一个微观生态系统，也是生态的环境和生态活动的场所，这是一个整体的问题。我们应该从室内外空间扩展到整个城市空间，把构成空间和环境的各个要素，有机地协调地结合在一起，把人类聚居环境视为一个整体，将它"作为完整的对象考虑"，从政治、文化、社会、技术等各个方面，系统地、综合地加以研究，使之整体协调地发展。把这些具有恒久价值的因素以一种新的方式和现代生活相结合，对空间环境中各种宏观及微观因素创造性利用，以个体环境促成对整体环境的贡献。城市是由建筑、景观、人等多种要素综合地、立体地构成，优美的艺术环境作为个体的建筑形象，当然要求它具有本身的完整性和表现力，但构成建筑组群时每幢建筑的形态又作为群体组合的一部分而存在，我们需要进一步考虑个体与群体的完整性。不同内容的建筑物和景观、环境构成有序的系统组合，既有各具表现力的物象形态，又有内在的有机的秩序和综合淳美的整体精神，给人以整体之美。这就要求我们恰当使用技术耐心地推敲构造，使环境形式以恰当的、有节制的、在技术上可被理解的、可行的形式呈现出来。组合不是各种要素的简单堆砌，而是挖掘出各要素之间的共通性，找出它们的契合点，科学地、合理地、动态地对其进行组合，从而创造出适合人们生活行为和精神需求的情境。

第四节　环境艺术设计的发展

一、环境艺术设计的产生与发展

尽管环境艺术设计是在 20 世纪 60 年代才逐渐形成的一门新兴学科，但环境艺术的产生和发展却一直伴随着人类发展的脚步，一部人类进化史，可以说就是人类用自己的力量构造理想的生存环境的历史。

在生产力低下的远古时期，人类的生存环境严酷，自然界各种恶劣气候、毒虫猛兽和人类自身的疾病瘟疫等都对人类的生存构成威胁。在这种情况下，人们意识到人类生存面临的最大问题是如何创造一个使自己安全的环境。虽然当时人类尚没有大规模改造环境的能力，但已懂得有意识地选择和适应自然环境。

从原始社会的穴居、巢居到构建现代城市居住环境，人类在几千年的时间里始终追求物质与精神和谐的境界。西班牙和法国原始洞穴里精美的岩画和英格兰史前巨大石环遗址都在向我们展示着原始居民对形式美的感知和美化居住环境的朦胧意识。

在中国，我们的祖先很早便认识到环境对心灵的陶冶，黄帝时便出现了玄圃；夏商时期，有了灵囿、灵沼、灵台；春秋战国时期，有了郑之原圃、秦之具圃、吴之梧桐园、姑苏台；秦汉时期出现了阿房宫、上林苑、未央宫；自三国两晋到明清期间，古典园林设计得到了充分的发展，并最终形成了再现自然山水式的园林风格，以明清北京的圆明园和颐和园为代表的皇家园林和以苏州园林为代表的江南私家园林将中国古典造园水平推向了巅峰。这种自然山水式的园林风格对 17、18 世纪英国等欧洲国家的造园艺术也产生了一定的影响。而中国古典建筑在世界建筑史上也占有十分重要的位置，以其稳定的形态绵延数千年并影响了东亚各国建筑的发展。层层递进的院落式布局、巧妙的框架式木结构、灵活自由的室内空间的大屋顶以及丰富多彩的装饰细部，赋予官式建筑雄伟壮丽、气势恢宏的风格。同时地域环境的差异和民族文化的差异与当地的建筑结构形式相融，产生了穿斗、井干、碉楼、生土、帐篷等千姿百态的民居建筑。北国的淳厚，江南的秀丽，蜀中的朴雅，塞外的雄浑，雪域的静谧，云贵高原的绚丽多姿，无一不展示了中华民族独具地域特色的环境艺术。

与此同时，世界其他古文明发源地也在不断创造着各具特色的环境艺术。美索不达米亚的亚述帝国很早就建成了狩猎苑；古埃及人的住宅和花园已达到了相当高的水平。公元前 6 世纪，尼布甲尼撒二世因其妻子谢米拉密得出生于伊朗而习惯于丛林生活，在新巴比伦城下令建成了"空中花园"，被认为是世界上最古老的屋顶花园。

16 世纪下半叶，巴洛克风格开始盛行。巴洛克建筑和艺术鲜明的特点体现在：炫耀财富，追求新奇，打破了建筑、雕刻和绘画的界限，使它们互相渗透。不顾建筑的结构逻辑，用非理性的组合来求得反常的效果。巴洛克建筑和园林多用自由曲线，追求戏剧性和透视效果，给人以强烈的动感；在城市空间设计方面，米开朗琪罗设计的卡比多广场，开创了巴洛克城市空间的先河。

17 世纪法国古典主义时期的建筑与环境设计手法都充分体现了帝国的尊严和君主的荣

耀，强调合理性、逻辑性，强调构图中的主从关系，突出轴线，讲究对称。宏伟的凡尔赛花园是这一时期环境艺术的集中体现。在整个 18 世纪，无论是法国还是意大利，几何式通用规则对景园设计的风格有着决定性的影响。当时，几乎所有的城市广场都和由修剪植物围抱形成的开放空间及林荫道相连接。

18 世纪下半叶以来，欧美开始兴建完全对市民开放的城市公园，形成了真正面向大众的城市公共环境。较早的实例有慕尼黑的英国公园、纽约的中央公园。城市公园的思想是崭新的，但园林风格上仍继承了自然风景园的传统，不过也不回避几何式园林。19 世纪，一大批艺术家在绘画、雕塑、建筑领域创造出了具有时代精神的艺术形式，掀起一个又一个艺术运动，工艺美术运动和新艺术运动正是其中重要的两个部分。前者提倡良好的功能设计，推崇自然主义和东方艺术，提倡艺术化手工业产品，反对机械化生产；后者兴起于欧洲大陆，自身没有一个统一的风格，在各国有不同的表现和名称，但目的都是希望通过装饰手段来创造一种新的设计风格，主要表现在追求自然曲线和追求直线几何两种形式。

自 20 世纪 60 年代起，生态环境恶化等问题受到广泛关注，人们由"生存意识"进展到"环境意识"，人们寄希望于通过"设计"来改造景观与环境。环境艺术设计作为一门新兴学科伴随着经济、文化、社会的发展以及人们对自身生存环境的迫切需求产生了。

现代意义上的环境艺术设计的内涵已十分广泛：从大地生态规划到区域景观规划；从国土生态保护到国家公园建设；从城市绿地系统到城市广场、步行街规划；从城市主题公园到住区花园建设；从局部环境建设到景观小品、雕塑设计；从私家庭院到建筑室内设计等。环境艺术设计的最终目的是要对整个国土环境负责，设计对象变为所有土地。环境设计，作为一种艺术，比建筑艺术更巨大，比规划更广泛，比工程更富有感情。

二、环境艺术设计的发展趋势

进入 21 世纪，环境艺术设计具有更加广阔的学科视野和研究范围，以整个人居环境为设计的中心，更加注重环境生态、人居质量、艺术风格、历史文脉和地域特色，其发展趋势体现在以下几个方面。

（一）不断扩展实践领域，重视细节设计

进入 21 世纪，环境艺术设计的实践领域日益宽广，诸如风景名胜区规划与保护、乡村景观设计、废弃地景观设计、城市水系绿系规划设计、旧建筑的更新改造设计等，都成为环境艺术设计所关注的课题。同时，"以人为本"的设计理念也促使环境艺术设计更关注细节的设计。深入研究人在环境中的行为特点和心理需求特点，无障碍设计、光环境、

声环境甚至嗅觉环境都成为环境艺术设计的重要内容，环境设计日趋人性化。广告、招牌、橱窗、路牌、灯箱、霓虹灯等都被纳入整体设计之中，一方面与空间环境有机结合，互为依托，发挥这些设计的审美功能；另一方面这些元素本身所具有的艺术性，对增强环境的识别性、场所性起到至关重要的作用。

（二）深入挖掘地域特征，凸显本土文化特色

随着科学技术的进步、交通的发达、信息的迅速传播，世界范围内某些发达地区不断地输出资金、技术、产品的同时，也在持续传播其所特有的主流文化、美学趣味以及意识形态等，使社会的经济、社会和文化方面的世界性日益增强。乡土文化、地方作风、"回归自然"为更多人所关注。人们开始追求区域特性、地方特性、民族文化，越来越有目的地、自觉地去发展地区文化，包括保留城市内部的"亚文化群"、历史城市及城市中的历史地段的保护、地区特色的追求等。设计师也积极从乡土建筑、乡土环境中寻求创作灵感，将自由构思与民族和地域的历史文化传统、社会民俗、美学特征相互结合，推陈出新。

（三）关注生态环境保护，走可持续发展之路

20 世纪 70 年代以来，人类的快速发展与全球性环境破坏愈演愈烈。在现实面前，人们不得不重新审视过去奉为信条的发展体系和价值观。

进入 21 世纪，人们提出了可持续发展理论，可持续发展的核心是人与自然的和谐相处。生态城市是指生态方面健康的城市。它寻求人与自然的健康，并充满活力和持续力。而早在中国古代，"天人合一"的宇宙观促进了建筑与自然的相互协调与融合。

建立可持续发展的环境艺术体系是一个高度复杂的系统工程。要实现它，不仅需要环境艺术设计师、建筑师和规划师运用可持续发展的设计方法和材料、技术手段，还需要决策者、管理机构、社区组织、业主和使用者都具备深刻的环境意识，节约自然能源，少制造废弃物，自愿保护和改善生态环境，共同参与环境建设的全过程。

第五章　环境艺术设计的形态及空间

第一节　环境艺术设计的相关形态要素

一、形态的含义

何为"形态"？"形"指的是外在的"形状""形体"和"形式"，而"态"指的是事物本身的"状态""神态"和"仪态"，因此，形态指的是事物在特定条件下的表现形式，它是由于一种或多种内因而通过外在来体现的结果。

二、环境艺术设计的相关形态要素分类

（一）形

针对在生活中人们可以看到的物体、光和影自身的大小、形状、颜色以及纹理等视觉感知会受到周围环境的影响。当我们在生活中见到它们的时候，可以把它们与周围的环境分离开来。通过视觉经验的不断积累，可以总结出，在设计过程中对于某个特定对象的形状来说主要包含尺度、色彩、形状和肌理。

1. 形体

在环境艺术中，形式是一种具备建设性的形式元素。针对所有的对象来说，只要它是可以看到的，就会有一个特定的形式，而且是我们通过直接构建的方式所形成的对象。形态的基本要素主要包括点、线、面、体、形等。正是这些要素完成了对于空间的定义，并对于空间的基本形式和性质起到决定性作用，对于造型具有普遍性意义，也是构建形式的主要元素。

生活环境中所存在的所有实体的外在的形式分解都可以抽象地划分为点、线、面、体四个基本元素。但这四个基本元素却并不属于几何范畴当中的概念，而是属于人类视觉感知环境当中所存在的点、线、面、体，在整个建模过程中有着普遍性意义。

（1）点

通常来说，形的原生元素正是点，由于它的体积较小，所以主要特征是位置。同时在环境形态当中最基本的要素正是点，它与字母是类似的，都有着属于自己的"表情"。表情的主要作用在于给予观者所带来的感受作为参考。比如，按照一定顺序进行排列的点会让人有一种严正感；而以分组形式来组合的点往往给人带来韵律感，对于有过相应布置的点会给人带来对称与均衡感；而由众多小点所环绕的大点，会让人产生重点感和引力感；一些大小处于渐变过程的点，会让人产生动感；而处于混乱无序的点，会让人产生神秘感等。

因着点的数量和位置不同让人内在的心理感受也会有所不同。当一个单独的点没有处于一个面的正中心时，它自身以及所在范围就会感觉更活泼一些，变得很有动感。

如果按照一定的规律来对于点进行排列，人们会依照它所特有的恒久性以连接的方式形成一个虚的形态；随着点越来越密集，达到一定的程度时，就会形成一个独立于背景以外的虚面；伴随着点集中和互相的联合，会形成一个由外部的轮廓所构建而成的面；针对点在排列时所处的位置若正好与人们生活中所熟知的形态比较相似的话，人们就会习惯性地把这些点进行自发性连接，然而那些毫无规律的点则会维持它的独立性。

在现实环境中，通过两点构图的方式就可以成为某种特定的方向，从而构建出三个截然不同的秩序：水平布置、倾斜布置和垂直布置。通过两点构图可以成为构图过程一条特定的、无形的主轴，还可以通过两点连线的过程来建造空幕。

通过三点进行构图，不仅可以产生平列、斜列和直列，而且包括曲折和三角阵。针对四点构图来说，除了有以上所说的布置以外，最为核心的地方在于可以形成方阵构图。对于点的构图进行拓展以后，会慢慢铺展出更为广阔的面，所产生的感觉就被称作是点的面化。

（2）线

点在不断线化的过程中，最终将会成为一条线。在几何学中，线被定义为"点移动的轨迹"，而面与面的交界处与交叉处也会形成一条线。

在生活环境当中，只要可以产生有着感觉实体的线，都可以把它们划归到线的范围当中，这种实体需要靠着它自身与周围形状进行对比的过程中方可产生线的感觉。从比例方面而言，对于线的长与宽之间的比例，一定要大于 10：1，若是长度过短或宽度过宽才会感觉到点或面的存在。

依照人的视觉感受来说，线条可以划分为两种：实际线或轮廓线和虚拟线。实际线主要包括一些线的边缘线、天际线、分界线等，都会让人产生直接且明确的视感；虚拟线主要包括轴线、构图线、动线、解析线、造型线等，也可以看作是一种经过抽象理解后的结果。

在我们日常生活的环境当中，线条主要分为两种：自由线形和几何线形。自由线形主要是通过环境特别是自然环境当中所存在的地貌、树木等要素来进行体现。

几何线形主要有两种：直线、曲线。直线的类型主要包括折线、交线、平行线、虚线，还可以划分为水平、垂直和倾斜三种；曲线的类型主要包含弧线、椭圆、旋涡线、圆、抛物线、双曲线以及任何封闭的曲线。

在设计环境艺术的过程中，因线形自身的不同产生的视觉观感也会有所不同。水平线会让人产生平稳的、安定的横向感。

垂直线是通过重力传递线来作为标准，它会让人感受到力的存在。对于人的视角而言，其水平方向比垂直方向要大很多。当垂直线处于较高的位置时，人唯有通过仰视来看，方可产生一种向上的、挺拔的、崇高的感觉。尤其是一组处于平行状态下的垂直线，在经历透视后就会呈现出束状，使得高耸、崇高的感觉进一步加强。除了这些，当有大量垂直线在不是很高的位置横向排列的时候，因为受到透视的影响，线条会变得越来越矮、越来越密，同时也会让人产生严正、景深和节奏感。

倾斜线，带给人的感觉往往是不安定和动态感，而且存在着多种变化。它通常是因为地面的起伏不平、屋面、楼梯等方面造成的，在设计的过程中用的次数比起水平线和垂直线还是要少的，正因为这样所以更应当仔细地考虑它在生活中的应用，而不应当刻意地消除倾斜线。

曲线，往往带来与直线截然不同的联想和感受，比如，常见的抛物线会让人觉得流畅且悦目，带有一定的速度感；旋线，往往会让人产生生长感和升腾感；圆弧线，则会带来稳定和规整，产生向心的力量感。

（3）面

透过几何的概念来看的话，线在不断展开的过程中形成面，有着一定的长度和宽度，但是却不存在高度，它也可以被理解为体或空间的边界面。整个面的表情主要是通过面范围内所存在的一切线及其轮廓线的表情所决定的。

面主要分为两种类型：几何面、自由面。进行环境艺术设计过程中涉及的面主要由平面、斜面和曲面组成。

在特定的环境空间当中，最为常见的是平面，生活中大多数的墙面、家具和小物品等造型主要都是通过平面来展现的。虽说平面的表情会让人觉得呆板、生硬、过于平淡，但历经一定的组合和安装以后就会显示出生动的、有趣的整合效果。

斜面，可以给一个规整的空间带来更多的变化和生机。处于视平线以上的斜面会让人产生更多的亲切感；以方盒子作为基础的前提下再增加倾斜角，坡度较小的斜面所构建的空间则会显示出极强的透视感，凸显出高远；处于视平面以下的斜面，时常会在使用功能方面显示出极强的引导性，并产生一定的动势，使得原本稍显呆滞的空间瞬间流动起来。

曲面，可以深层面地分解为几何曲面和自由曲面，它既可以在水平方向来展开（比如填满整个空间的拱形顶），也可以从垂直方向来进行（比如处于悬挂状态的窗帘、帷幕等），它们时常会联合起来发挥相应的作用，一起为空间带来更多的变化。至于曲面内侧的区域感还是较为明显的，能带给人更多的安定感；而从曲面的外侧来看，可以更多地感受到它对空间和视线的引导。

（4）体

体，是面经过平移或线经过旋转过程中的轨迹，有着三个量度，分别是长度、宽度和高度，显示出的是有实感、三维的形体。体，通常带给人空间感、稳定感和重量感。

环境艺术设计过程中，时常会用到的体主要分为两大类：几何形体和自由行体。一些较为规整的几何形体主要分为三类：直线形体、曲线形体、中空形体。直线形体的代表是立方体，有着朴实、坚实、大方、稳定的内在性格；曲线形体中的代表是球体，带给人柔和、丰富、饱满、动态的感觉；至于中空的形体，主要的代表有中空圆柱、圆锥体，椎体展现出的为挺拔的、坚实的、向上且稳重的性格，具备一定的安全感和权威性。

一些相对比较随意的自由形体，主要代表有以自然和仿自然的风景要素制作出来的形体，岩石有着坚硬的骨感，柔和的树木都有着质朴之美。

所谓的环境造型，时常并非指形式单一的简单形体，相反，会通过众多排列组合的方式。目前，形体组合的主要方式有以下四种。

一是把组合进行分离。此组合方式通过点的构成来完成构建，最为常见的排列方式有辐射式排列、脉络状网状布置、二元式中心排列、节律性排列等。彰显出成组、对称和堆积等特征。

二是拼联组合。使用不同的形体依照不同的方式所完成的拼合。

三是咬接构成。通过有机重叠的方式来完成两个体量之间的交接。

四是插入连接体。针对一些不方便咬接的形体，可以尝试在物体之间放入一个连接体。

2. 形状

形状，属于形式范畴中可用来辨认形态的主要方式，是建立在形式的外表和外轮廓基础上的一种特定造型。

以上所说的主要形态要素针对的都是单个物体，但针对空间艺术范畴中的环境艺术来说，通过整体的视角来看，与环境艺术设计相关的形态要素有着更广阔的空间，主要包含四个方面：形体、材质、色彩和光影。

（二）质感

质感，指的是外在形式所展现出的表面特征。对于形式表面的接触点和反射光线的特质产生影响的是材质。

一般意义上的质感，指的是因材料自身的肌理及色彩等特质与人们生活的经验相契合时内心所产生的对于材质本身的感受。所谓的肌理，指的是材料外在表面因内部的组织结构而形成的一种有序或混乱的纹理，这里面也包括材料再加工过程中所产生的图案及纹理。

各种材料都会有它与众不同的特质，因材料肌理的不同使得产生的质感也会有所不同，传递出的表情也不一样。由生土所搭建起的建筑带给人简约、质朴的感觉；较为粗糙的毛石墙面会带给人自然、原始的力量感；由钢结构搭起的框架会让人产生精确、坚实和刚正的现代感；由玻璃幕墙和清水混凝土融合而成的表面通常会让人感觉到冰冷、生硬且缺乏人情味，有着明显模板痕迹的混凝土表面则会显示出人工所能给予的粗野的、雕塑感的新特征；皮毛或针织地毯往往彰显出温暖、雍容华贵的特点；木地板带给人温馨、舒适的感觉；磨光的花岗岩地面则会传递出豪华、严肃、坚定的表情。

肌理美是审美过程中材质的主要体现，也是进行环境艺术设计过程中较为重要的表现性形态要素。在人们与环境不断接触的过程中，肌理对于人内在的心理和精神层面起到引导和暗示的作用。

材料本身所特有的色彩、光泽、明度、软硬、冷暖、形态、纹理等因素成为其质感的具体表现，使得材料各有各的特点，变幻莫测。整体可总结为光滑与粗糙、透明与不透明、深厚与单薄、坚硬与柔软等最基本的内心感觉。材质特性主要包含以下几个方面。

第一，材料质地主要划分为视觉质感和触觉质感。第二，材质本身带给我们的不单单是肌理方面特有的美感，还可以在空间中加以运用，从而产生空间的伸缩与拓展的心理感受，并配合创作意图来完成对于主题的渲染。针对材料本身所特有的属性质地，可以使用它来进行装修和点缀，赋予空间更深厚的内涵。第三，材料的材质，主要包含天然材质和人工材质两类。第四，对质地的感觉方面产生影响的主要因素有尺度大小、视距远近和光照。第五，光照会对我们在质地方面的感受产生一定的影响，同理，光线也会受到所照材料的质地影响。当直射光以斜射的方式照到有质地的表面时，我们的视觉质感会得以提高。光线的漫反射会对实在的质地产生削弱的作用，甚至会使它的三维结构变得模糊不清。

除此以外，与材质密切相关的要素还有图案和纹理，我们可暂时把材质看作是临近要素：图案自身的特征主要包括，第一是一种针对表面所进行的点缀性或装饰性设计；第二，图案一直在围绕着设计的主题进行重复，因图案的重复性得以凸显出装饰表面的质地感；第三，图案本身既有着一定的构造性，又有一定的装饰性。所谓的构造性图案，指的是材料内在的特性以及历经制造加工、生产工艺和装备组合之后产生的结果；装饰性图案则是在构造性过程结束后单独添加上去的。

（三）嗅觉

环境中的嗅觉，主要指的是来自草木的芬芳，还有就类似于，你站在海边的时候，味觉可以品尝出海水有淡淡的咸味等。在中国的古典园林当中，植物的香景一直深受大家的喜爱；远在欧洲，在柏拉图的谈话中也可以找到希腊民主制度下的公共花园，市民们会来到树荫下、泉水与小路旁，之后又开垦出大片的绿地。人们细细地嗅着草的馨香气息，吮吸着新鲜的空气来花园里进行散步、游园、锻炼、静心等活动。因此，当在公园与广场开展环境艺术设计时，要尽可能远离各种污染源、清除污染源，还要及时地消解环境使用后的死水以及产生卫生死角的可能性，对于环境的保护要做好充分的考虑。

除此以外，身处室内环境的时候，尤其是大型的公共空间，比如大型的商场，在设计的过程中一定解决好散热、通风等问题。尽可能使用环保型材料，减少有害气体的挥发排放，好让人们更好地投入上班、娱乐、上学、交往、休憩、交谈、购物、游戏、锻炼、散步、候车等活动当中。

（四）声音

声学设计的基本作用在于提升音质的质量、减少噪声所带来的影响。正如大家所熟知的，声音是通过物体的振动发出的。当声波传播到环境中的构件（比如墙、板等）时，一部分声能将会被反射回去，另一部分声能将会穿过构件，还有一部分声能将会转化为其他形态的能量被构件自身所吸收。所以，要想使噪声得以减少，设计师就一定要对声音自身的物理性质和建筑本身的隔声和吸声特性进行了解，方可对于声环境质量进行有效控制。

要想创造出一个音质优美的环境，起到决定作用的有三个方面：第一，声音要清晰、适度；第二，吸收程度不一样的结构与材料（对于声音反射量的大小、方向、分布、回声与降低噪声的清除）；第三，所处空间的形状与容积。

第二节 环境艺术设计与空间的关系

一、空间的属性

（一）空间的物质属性

空间的物质属性主要是指空间的基本使用功能。空间是人类活动和生存的栖息地。它是满足人们基本活动的一种身体状态。为了避风避雨，抵御严寒酷暑，防止其他自然现象或野生动物的入侵，原始人类最早用树枝和石头形成了自己的栖息地。此时，空间的功能非常简单、感性而直观。

随着人类社会文明的发展和社会科学技术的进步，人们已经从被动适应转变为利用科技手段来创造和满足生活中各种活动所需要的空间功能需求。例如，通风、采光、声环境、消防等相应设备科学性与合理性的应用，设计结构、施工工艺、材料等方面技术性的安排。

现代空间为人们的室内外各种活动提供了相应的场所和服务，能满足人们各种活动条件的要求，具有使用上的便利、健康、安全、舒适之感。例如，室外空间中，广场、公园等具备可供人们进行集会、散步、游戏、交谈、野餐等使用功能的空间；居住区中的绿地、庭院是人们晨练、儿童嬉戏、居民交流的理想场所；室内的居住空间，为人们建立了可以在其中休息、娱乐、待客的空间且具有独立的、自由的私密性特点。

（二）空间的精神属性

空间的精神属性主要指的是在满足使用功能空间环境的基础上引发人的心理与审美、精神文化方面的效应。

人是空间的使用者，是空间的主体。空间的形成和存在的最终目的是为人们提供适宜的生活和活动场所。因此，在空间设计的过程中，要充分考虑使用者各方面的需求，以人的主体性作为设计的出发点和归宿。随着生活水平的提高，人们不再满足于物质条件，而是越来越把享受精神生活作为一种重要的追求。由此，空间的发展也从人们基本的生理需求转向更高层次的心理与精神需求方面发展，更加看重空间环境的美感及其中所蕴含的文化意蕴。因此，现代空间设计高度重视人性化的表达空间和创造美，使它呈现一个氛围，触发一个意境，并创建一个环境，符合一定的文化内涵和特定的精神需求，以刺激人们的情感和情绪，使人感到舒适和快乐，从而提高和完善人们的生活质量，在现代空间环境中实现对精神品位的追求。例如，由贝聿铭先生主持设计的香山饭店，便是利用了一种现代的语言形式来诠释传统的建筑艺术的文化，体现出了深厚的人文积淀，把中国古典建筑艺术、园林艺术、环境艺术完美结合，让空间的使用者能够充分感受到传统文化的艺术魅力，满足人们精神上的审美要求。香山饭店空间内部院落相间，阳光透过玻璃屋顶洒在绿树成荫的厅内，明媚而舒适，山石、湖水、花草、树木与白墙灰瓦式的主体建筑相映成趣，这一切都能让人感受到大自然的意境，同时也满足了人们回归自然的心理需求。

二、空间的组织

（一）空间的基本关系

1. 包容关系

包容关系，指的是在一个相对狭小的空间中被囊括在一个更多的空间的内部，这是针对空间所做的二次限定，也可以称为"母子空间"。二者不仅存在着空间的联系，还存在着视觉上的联系。因空间上的联系使得人们针对行为所做的联想成为一种可能，而视觉上的联系有助于视觉空间进一步拓展，同时还可以带动人们在心理与情感层面展开深入的交流。通常而言，子空间与母空间在尺度方面有着明显的不同，若子空间的尺度比较大的话，会致使整个空间显得过度压抑和局促。为了使空间的形态得到丰富，可通过改变子空间的形状和方位来实现。

2. 穿插关系

所谓的穿插关系，指的是两个在空间上处于相交、叠加过程中所形成的空间关系。因着空间的互相渗透会形成一个名为"公共空间"的部分，同时彼此还保持着各自的完整性和独立性，通过彼此之间的沟通，形成一个互通有无的场景。至于两个空间各自的形状和体积，既可以是相同的，也可以是不同的，它们各自插入的方式和位置关系也可以是不一样的。空间渗透的表现形式主要有三种。

（1）两个空间互相插入对方的部分属于双方共同拥有的部分，好使二者产生亲密的关系，而共同部分空间的特性则是由两个空间自身的性质经过融合后所形成的。

（2）两个空间互相穿插的部分为其中的一个空间所有，同时也是这个空间整体中的组成部分。

（3）两个空间互相穿插的部分独立成为一体，有着独立的空间，连接着两个空间。

3. 邻接关系

所谓邻接关系，指的是两个处于相邻关系的空间却有着共同的接口，可以进行互相关联。最基本、最常见的空间组合关系正是邻接关系。它既能保证空间维持其自身的独立性，又可以保持彼此之间的连续性。而它的独立性和连续性主要取决于相邻两个空间的界面的特征。针对界面来说，既可以是实体，也可以是虚体。比如，实体通常可选择使用墙体，而虚体可选择使用列柱、家具、色彩、材质的变化、界面的高度等进行设计。

4. 过渡关系

所谓的过渡关系，指的是两个独立的空间之间需要通过第三个空间来完成空间关系的连接和组织，第三个空间或称为中介空间，对于所连接的两个空间主要起到引导、缓冲和过渡的作用。以被连接空间的尺度、形式作为参照的话，它既可以是完全相同的，也可以是相近的，从而带给人空间层面的秩序感；还可以是跟被连接空间的形式完全不同的，来显示它的作用。若过渡空间比较大，就可以主导这个空间，并具备把其他空间引导至它身边的能力。

过渡空间的形式和方位需要把联系空间的形式和朝向作为依据来进行确定。

（二）空间的组合

1. 集中式空间组合

集中式空间组合一般情况下会通过一种比较稳定的向心式构图来进行展现，它会把一个空间母体看作是主结构，其他的各种次要空间以这个占据主导位置的中心空间作为核心来进行组织。而位于中心位置的主导空间通常都是比较规则的形状，比如圆形、方形或多角形等，而且要有特别开阔的空间尺度，好使若干个次要空间可以围绕在它的身边；对于次要空间来说，它自身的功能、体量既可以是完全相同的，也可以是完全不同的，从而更好地适应不同的功能和环境。一般情况下，集中式组合没有一个确定的方向，对于它的入口及引导部分大多数都会在某个次要空间中来进行，针对交通路线，可以选择辐射式和螺旋式等。此种空间组合方式更多会在酒店、办公建筑等共享空间加以应用，而大多数的西方传统教堂也会应用这种空间组合方式。

2. 线式空间组合

线式空间组合，指的是通过一些形式、尺寸、功能性质和结构特征完全相同或相似的空间重复出现的方式搭建而成。也可以把一系列尺寸、功能和形式各不相同的空间通过一个沿轴向的线式空间来完成组合。

在进行组合的过程中，具有重要性的空间比如功能方面或象征方面，可以在序列的任何地方反复出现，通过它们自身独特的尺寸或形式来显示其重要性；还可以不断强调它们所处的位置，比如，处于线式序列的端点、偏移于线式组合，或者是位于扇形线式组合的转折之上。

作为线式空间组合，最显著的特征是"长"，因此它所传达出来一种方向性的，还有着一定运动、延伸、增长的意义。为了使它的延伸得到一定的限制，线式组合可选择暂时停止一个主导的空间或形式，或者是选择停止一个有着独特设计且清楚写明的空间，也可以选择融合别的空间组织形态或地形、场地。这种简单、快捷的组合方式，一般比较适用于教室、幼儿园、宿舍、住宅单元、旅馆客房、医院病房等建筑空间。

3. 放射式空间组合

放射式空间组合方式有着集中式和线式空间所特有的特征。它的组成部分为：一个占据主导位置的中心空间和多个向外呈放射状处于不断拓展的线式空间。

集中式空间形态属于一个呈向心排列的聚集体，而放射式空间组合方式当中的中心空间通常情况下是规则的，它的反射状分支空间相关的结构、尺度和功能既可以是相同的，也可以是不同的；长度处于不断变化的状态，来适应环境不同带来的变化。放射式空间组合存在着一种独特的变体，也就是"风车式"图案形态。它周边的线式空间会围绕着比较规则的中央空间的各边不断向外边延展，最终成为一个颇具动感的"风车"图案，看上去像是在不断旋转。

4. 组团式空间组合

群体空间的外在形式是把周边的各个小空间紧致地连接起来，成为一个群体空间。各个小空间的功能通常都是极为相似的。位于巴黎的联合国教科文组织总部秘书处大楼在外形和朝向方面有着一样的视觉特征，只是它也可以尝试使用维度、形式和功能都不一样的空间来进行组合。这些空间市场需要依靠彼此之间的紧密连接和一部分视觉规则，比如对称轴来完成关系的建立。由于组合空间形态的模式并不是出自某个特定的几何概念，所以空间是处于变化状态的，随时都可以进行加增和改变，而它自身的特点却不受影响。

因为组团式空间组织所形成的平面图中没有对其中的重要位置进行确定，所以一定要通过图形本身的形式、尺寸或朝向方可凸显出某个空间所具备的独特意义。当图形中有对称轴线出现的时候，可用来完成对于组团式空间组织的局部进一步加强和统一，使得某个空间或空间组群所具有的重要意义得到进一步加强和完整的表达。

5. 网格式空间组合

在网格式空间组合当中，其空间所处的位置和互相之间的关系是由一个三度网格图案或三度网格区域来进行控制的，通过图形自身的规则和连续性来彰显网格的组合力，并巧妙地融合在所有组合要素当中。

在一个空间当中，由一些参考点和参考线所搭建的图形会带出一种稳固的位置或稳定的区域。借助这种图形，网格式空间组合得以共享彼此的关系。所以，即便网格组合空间的形状、尺寸或功能都不一样，它们仍然可以组合为一个整体。建筑当中的网格往往是由梁和柱所组成的框架结构体系来进行表现的，在网格范围以内，既可以通过独立实体的方式来显示空间，也可以通过重复的网格模数单元来显示。不论处于区域当中的空间怎样进行布置，只要它们在众人眼中被看作是一种"正"的形式，随即就会出现一些次要的"负"的空间。因为网格是通过重复的模数空间搭建起来的，所以空间是可以进行增加、削减或层叠的，然而网格自身的同一性却没发生变化，仍然有能力进行空间的组合。

三、室内环境设计与空间的关系

（一）空间的类型

1. 结构空间

任何室内空间都是由某些承重构件组成的。这些结构组成部分反映了科学技术发展的时代进程。通过对这些外露结构的处理，可以实现结构与室内内部美学的完美结合，使人们能够充分欣赏和理解由结构构思和施工工艺所形成的空间环境之美。

2. 共享空间

一般是在较大型的公共空间中设置的中心空间，其高大和开敞的特性对其他空间起到了一种连接、交通枢纽的作用，该空间强调流动性、渗透性与交融性。其内部常设有多种设施，例如休息设施、服务设施等，是综合性、多用途的灵活空间。在空间景观处理上，注意相互交错、内中有外、外中有内，常把室外一些自然景象引入室内来，如假山、流水、绿色的植物等，整体空间富有动感、情趣，满足了现代人的物质和精神需求。

3. 母子空间

母子空间是空间二次分割形成的大空间中包容小空间的结构，它主要通过一些实体性或虚拟象征性的手法再次限定空间，形成楼中楼、屋中屋的空间格局。既满足了功能要求，又丰富了空间的层次。子空间往往都是有序地排列而形成一种有规律节奏的空间形式，使得空间使用者既能保证相对独立性与私密性，又能方便地与群体中的大空间沟通。

4. 开敞空间

开敞空间是一种外向性的空间形式，其限定性和私密性较弱，兼有公共性与开放性的特点。在空间感上，开敞空间是流动的、渗透的。通常更多的是借助室内外景观扩大视野，强调与周围环境的交融，并有一定的趣味性。在功能使用上灵活性较强，能根据功能需求的变化来改变室内格局；在心理效果上，表现为开朗、活跃、有接纳性的特点。

5. 封闭空间

所谓的封闭空间，指的是通过固定的围护实体所圈定出来的空间。相比于其他空间，封闭空间在视觉、听觉和空间方面的连续性很小，有着强烈的隔离性；在空间性格和景观关系层面上，封闭空间有着一定的内向性和拒绝性，还会有比较强烈的领域感和秘密感；常常会给人的心理带来安静、严肃和安全感。在这种空间停留的时间过长的话，就会让人产生闭塞、枯燥的感受。为了使空间氛围得到适当调节，可尝试使用人工景窗、镜面、大幅场景挂画等设计方式来扩增空间的层次。

6. 动态空间

所谓动态空间，是指从心理与视觉上给人以动态的感受。空间形态上，往往具有空间的开敞性和视觉的导向性特点，空间组织灵活多变；在界面组织上，具有连续性与节奏感，常利用对比强烈的色彩、图案以及富有动感的线性作为装饰元素；在空间氛围的营造上，常把室外流动的溪水、瀑布、富有生机的花木、阳光乃至动物引入环境中来；同时，还可以借助交错的人流、生动的背景音乐、闪动的灯光影像等来表现空间的动态感受；在设施的设置上，常利用机械化、电气化、自动化的设备，如电梯、自动扶梯、旋转地面、活动展台、信息展示等形成丰富的空间动势。

7. 静态空间

所谓的静态空间，是针对与它相对的动态空间来说的。通常来说，静态空间的外在形式较为稳定，构建方式比较单一，时常会通过对称、离心、向心等构图方式来进行设计，从而实现静态平衡；空间具有较为强烈的限定性，大多数偏向于封闭型。大部分都属于尽端空间，也就是空间序列的终端，有着很强的秘密性，因此静态空间不会轻易受到来自其他空间的干扰和影响；空间比例的设计比较适中，色彩淡雅、光线柔和、造型简单，很少出现复杂的与视觉冲击力较为强烈的造型元素。

8. 虚拟空间

虚拟空间主要是依靠观者的联想和心理感受来划定的一种空间形式，也称"心理空间"。这种空间没有明确的隔离形态，限定感较弱，它往往存在于母空间中，既与母空间相互流通而又具有相对独立性和领域感。虚拟空间常借助各种隔断、家具、陈设、水体、绿化、照明以及不同色彩、材质、高低差等作为设计元素进行空间的限定。

9. 悬浮空间

在较大、较高的空间中，其垂直方向上采用悬吊、悬挑或用梁在空中架起一个小空间，给人一种"悬浮"感。悬浮空间由于底面没有支撑结构，因此可以保持视觉的通透完整，使低层空间的利用更为灵活。空间形式感也更加别致和与众不同，具有一定的趣味性。

（二）空间的分隔

在室内空间环境设计中，要想满足使用者对不同空间、不同区域的功能要求，满足人们对艺术和审美的要求，空间的分隔在其中起着不可或缺的作用。各类建筑及空间都有自身的功能特点，在进行室内空间的分隔时，要符合其自身规律和要求，并选择适当的分隔方式。

1. 空间分隔的方式

（1）绝对分隔

绝对分隔是指利用承重墙到顶的隔墙等限定性的实体界面来分隔空间。其特点是：空间界限非常明确，具有强烈的封闭感，其隔声性、视线的阻隔性良好，抗干扰能力强，能够保证空间的独立性与私密性，创造出安静宜人的环境。但由于完全阻隔，空间相互缺少流动性与连续性。一般情况下，绝对分隔常用于居住建筑、教学建筑、办公建筑等建筑空间。

（2）局部分隔

局部分隔是指利用限定性相对较低的片断性界面来划分空间，如屏风、家具、矮墙等。其特点是：空间限定感较弱，但流动性、联系性较强，空间不同区域之间能良好地融会贯通，有利于空间的布置形式丰富多变。但这种分割决定了空间在隔声性、视线通透、私密性等方面较弱。局部分隔常见的分割形式有独立面垂直分隔、平行面垂直分隔、L形面垂直分隔、U形垂直面分隔等。无论在大空间还是小空间此种分隔手法都会被经常使用。如在餐饮环境的大厅空间中，为了避免用餐者相互干扰，保持相对的私密性，通常会采用一些装饰隔断进行空间的划分。

（3）弹性分隔

弹性分隔是指利用一些拼装式、折叠式、推拉等隔断、屏风、幕帘、家具、陈设等分隔空间。其特点是：可根据使用功能的要求随时移动或启闭，空间的形式可自由机动地调整。弹性分隔多用于临时性、短暂性、小范围的空间里。

（4）象征分隔

象征分隔是指利用灯光、色彩、材质、栏杆、水体、绿化、悬垂物、高差等分隔空间。其特点是：一种限定性极低的分隔方式，界面模糊，主要通过联想和视觉的完型来界定空间。空间流动性极强，易于产生丰富的空间层次变化。无论是在大空间还是在小空间中，象征分隔的方式都是适宜的。

2. 空间分隔的元素

（1）建筑构件

利用地面、天花板、墙面等界面以及柱子、拱券、楼梯等建筑构件作为分隔空间的元素，是最基本的空间分隔方式。

（2）装饰隔断

可以利用各种装饰隔断分隔空间，如装饰架、屏风、活动隔断等作为分隔空间的元素。此种元素的应用能够形成一定的围合空间，并具有相对的领域感和私密性。

（3）色彩、材质

利用色彩和材质的差别作为分隔空间的元素，有利于丰富室内环境的色彩关系、肌理变化。如较大的接待大厅，一般会有前台咨询和休息区等功能要求，前台咨询空间的地面通常选用大理石、花岗岩等耐磨度较高的材质；休息空间通常选用木质地板或柔软的、带有装饰图案的地毯，使空间既有明确的分区，又能自然舒适地满足各区域的功能要求。

（4）灯光照明

利用灯具及其布置形成一定光环境区域作为空间分隔的元素，也能有效地对空间进行分隔。光环境区域一般结合顶棚的形式、地面的功能分区来进行布置。

（5）水体及绿化

利用人工设置的水面或绿化为元素分隔空间，具有生动、自然、美化环境的作用和扩大空间的效果。水体一般和绿化结合使用，可以是静态的，也可是动态的；绿化作为分隔的元素可单独使用，也可以综合使用。此种设计能够更好地满足人们亲近自然的心理及审美需求。

（6）家具、陈设

利用家具、陈设作为分隔空间的元素，是一种简单、灵活、机动的设计方法。如在较大型的办公空间中，常运用办公桌的围合把大空间分隔成若干个小空间。在一些休闲空间里，也常用一些悬垂的织物来进行空间的分隔，灵巧生动。

（7）界面高差

利用界面的高低或凹凸变化作为分隔空间的元素，具有突出重点、强化中心及突出展示性的效果。如在展示空间里，为了更好地突出展品，通常会设计一个高出地面的展台区域来衬托展品；在娱乐环境的空间里，通常会设计一个地台式空间作为舞台区，或设计一个低于地面的凹形空间作为舞池区。

（三）空间界面的处理

室内空间主要是由各种界面围合而成的，即底面（楼面、地面）、侧面（墙面、隔断）和顶面（天棚）。各界面的大小、形状直接影响室内空间的体量，各界面的艺术视觉效果和各界面之间的关系对室内整体设计影响很大。

对于室内界面的设计，不仅有造型和美观的要求，还要注意功能技术的要求。作为材料实体的界面，存在其形式和色彩设计、材质的选用和构造等问题；而且，对于现代室内环境的界面设计还需要结合房屋室内的设施、设备予以周密全面的协调考虑。例如，界面与风管尺寸及出、回风口的位置关系；界面与嵌入灯具或灯槽设置的关系以及界面与消防喷淋、报警、通信、音响、监控等设施接口的关系也亟须重视。

1. 界面的设计要求

（1）根据空间功能、性质的不同，进行界面的设计

室内空间界面的设计要与建筑的特定功能要求相协调。功能、性质不同的空间其界面设计也有所不同。界面设计的特点与空间的功能性质是有机联系的，不可简单割裂。如办公空间的界面设计，要充分考虑到办公的性质。为了创造一个高效、舒适的工作环境，其色彩一般比较淡雅，不宜过于鲜明、浓重；装饰造型要简洁，不宜过于复杂多样。因为对于上班族而言相当一部分时间都会在办公空间里度过，如在色彩浓重、装饰复杂的界面空间久待会使人感到心浮气躁，降低办公效率；而对娱乐性质的空间，其界面设计恰恰要追求色彩对比鲜明和图案、装饰造型的变化多样。因为，这是一个人们工作之余的休闲、娱乐、放松场所，各种色彩、造型、图案、灯光的变化能够激发人的情趣和活力，使在都市中紧张工作的人们的身心能暂时得以放松。

（2）空间使用对象不同，其界面的装饰设计有所不同

人是环境中的主体，是设计的出发点和归宿点。我们对空间进行装饰的目的是要满足人们的物质和心理需求，所以，室内界面设计就要注意使用对象的审美变化。由于使用者

存在年龄、性别、职业、兴趣爱好、文化背景等个体差异，因此，界面的设计也应有不同的个性特征。如居住建筑室内设计中，老人居室、成人居室、儿童居室等不同空间，在设计时要根据不同类别人的年龄与个性特征，有针对性地采取不同的设计手法，营造出或稳重老成或天真童趣的室内氛围，以塑造出适合使用者的个性空间。

（3）界面的设计风格要统一，注重环境的整体性

室内空间是一个有机整体，各个界面的装饰设计直接影响到整体室内环境的效果。因此，对个体界面进行设计时必须通盘考虑，在保证整体效果的前提下，适度地予以个性化的界面处理。个性化的表达要统一在整体的风格范围内，在总体艺术效果协调的基础上创造出富有个性特点的环境气氛，做到在统一中求变化、在变化中求统一。风格的统一与变化往往是通过色彩、材质、装饰形式、灯光等方面来体现的。

（4）界面设计的安全性、舒适性、健康性

界面设计中，材料的应用是至关重要的。随着新技术的发展，新材料也不断在更新和改变，其性能、舒适性不断增强。但其中也存在着不少问题，如有些材料可能会散发有毒气味，给使用者带来安全隐患。对于材料的应用我们可以从这样几个方面来考虑。第一，要注意界面材料的耐燃及防火性能。现代室内装饰应尽量采用不燃及阻燃性材料，避免采用燃烧时会释放大量浓烟及有毒气体的材料。第二，要注意材料无毒、无害，有害物质要低于核定剂量。第三，还要注意材料具备必要的隔热保暖、隔声吸声等性能。

界面设计还要注意到与技术性的因素相互配合，不能忽视构造技术的安全性而一味地追求装饰形式的变化。要加强装饰性因素与技术性因素的结合，充分考虑构造的安全、施工的便利等问题。

（5）界面设计的经济性、科学性

创造一个高品质的室内空间环境，并不一定要以奢华为代价，在设计中经济性、科学性是我们要把握的一个原则。界面装饰的标准有高低，但无论什么标准的界面我们都要考虑以最少的投入、最科学的资源利用营造出最好的环境效果。如对材料的使用，我们要考虑其耐久性及使用期限，频繁地更换，会增加其费用的支出；要考虑是否能够采用可循环利用的材料，达到资源的合理运用；在有地方材料的地区，要考虑是否可选用当地的地方材料，以减少运输，降低成本和造价。

2. 界面的设计特点

（1）天棚

天棚是室内空间中的上部界面，对覆盖之下的物体起到遮盖作用，同时提供物质和心理的保护。

天棚的设计有以下四个要点。

①天棚界面具有一定的高度，它直接限定了墙面的高度，决定了空间的纵向延伸度，天棚高度的变化会形成空间或开阔高耸或亲切宜人或沉闷压抑的感受。因此，天棚高度的确定要注意与空间的平面面积、墙面长度等因素保持协调的比例关系。在室内设计中，还可以充分利用天棚的局部高低变化，进行空间的限定，丰富空间的层次。

②天棚的造型要注意应具有轻快感，形式力求简洁、明快、构图稳定大方，色彩不宜太过浓重，避免过于沉重复杂的装饰使空间具有下坠与压抑感。当然对于一些特殊空间要个别对待。

③天棚的结构要满足安全要求，构造要合理可靠。选材要考虑到质轻、隔声、吸声、防火、保温、隔热等性能。

④天棚处理除造型优美外，在功能和技术上还必须综合考虑空间的照明、通风、空调、音响、智能监控、消防等因素，从而实现对天棚合理的装饰处理。

（2）地面

地面是空间中的基础要素，是室内各种活动和家具的承载界面，其表面必须坚固耐久，足以经受持久的磨损和使用。在注意地面材料性能的同时还必须考虑地面的质感、色彩、图案的装饰效果，把功能性与审美性有机结合起来。

地面的设计有以下三个要点。

①地面材质是否能够满足使用的要求，这是基本的因素，要根据空间的性质要求来选择地面的铺装材料。一般来说，在人流量较大的公共空间，地面应采用耐磨度较高的材料，如大理石、花岗岩等。对一些人流量较少、相对私密的空间，可铺置一些具有亲和力的材质，如在办公室、卧室等空间采用木质地板；同时，还要根据环境的需要考虑吸声、保温、保暖及防滑等功能要求。

②针对地面所进行的设计，要与整体的环境保持统一协调。通过地面与其他界面之间的关系来看，对于地面所进行的划分与天棚的组织还是有着特定关系的，地面所呈现出的拼花的形式或图案要与天棚自身的造型，甚至是墙面的造型有一些呼应关系，或者在使用"符号"方面体现出它们之间的共享或延续的关系，也可以尝试通过地面与其他界面之间以"互借"材料的方式来增进空间的视觉联系。地面的设计还要和环境风格相一致，如体现质朴、田园的风格或高贵、华丽的风格，在色彩、图案、材质的选择上要符合其整体风格的个性特点。

③图案的构成与色彩关系是地面装饰的重要组成部分。图案的设计应遵循强调图案本身的独立完整性的原则，如在大堂中心、大型会议室中心的地面通常采用一些比较规整、

饱满的图形，使其具有内敛感，这样易于形成视觉中心。此外，还要遵循图案的连续性、变化性和韵律感，图案的抽象性、自由多变性等原则。地面的色彩要根据空间环境的氛围、空间的尺度等方面的因素来选择，不同色彩的地面有不同的性格特征。浅色地面会增强室内空间环境的照度，给人以开敞明亮的感受；而深色地面会吸收部分光线，使空间产生收缩感，但也会给人以庄重和稳定感。

（3）墙面

墙面是建筑的立面结构，它不仅可以作为建筑承重构件，还可为室内空间提供围护与遮挡。由于墙面是空间中面积最大的界面，因此，墙面的设计对室内空间的整体装饰效果有着十分重要的影响，通过墙面形态、色彩、光影、质地的变化，更能体现室内的个性特点和烘托环境氛围。

墙面的设计有以下三个要点：

①门、窗、柱等是墙面的重要组成部分。就某种程度上而言，它们决定了墙面的形式、尺度以及虚实等的变化。因此，在墙面设计中，要综合考虑这些因素，以便使空间功能与室内的装饰效果得以更好地完善。

②室内环境物理性能的优劣关系到空间使用的效果。根据空间功能性质的不同，需要处理其隔声、吸声、保暖、隔热、防火、防潮等方面的问题。如：在轻质墙体的空腔内填充岩棉，既能增强其隔声效果，又具有保暖、防火的功能；在防火要求较高的环境中，须尽量减少使用海绵、布艺等易燃材料，同时对木质材料的使用面积也要控制在一定的比例之内。

③设计与组织，主要包括墙面的造型变化、材质、灯光、色彩等方面的应用。一般情况下，规整、秩序的墙面给人以简洁、宁静的感受；凹凸起伏、不规整的墙面形式给人以节奏、韵律的动感；虚拟、通透的墙面造型，给人以空间的连续和延展性的感受。对于材质、光影、色彩的运用则应根据墙面造型的特点、环境氛围营造的需求来综合处理。

第三节　环境艺术设计的空间尺度

一、空间尺度概述

空间尺度的内容包括两个方面：一方面指的是空间当中所存在的客观的自然尺度，这就包含功能、技术、客观等要素；另一方面指的是主观精神尺度，主要包括主观、审美、心理等要素。人在视觉、心理和审美决定方面的尺度是相对比较主观的，是一个建立在相对意义层面之上的尺度概念，但它们之间还有着一定的比较与比例的关系。

毫无疑问，当中的大部分人所持守的仍然是习惯的、共同的尺度，但因为设计的过程是自由的，个人所积累的经验和技法也不一样，使得每个设计师对于尺度的理解也会有所不同。

二、尺寸与尺度

（一）尺寸

尺寸来自针对空间真实大小所进行的度量，具体的尺寸则是根据特定的物理规则来进行限定的。通过客观的视角来对周围世界在几何概念层面上与量的关系相关的概念进行详细的描述，有一些基本单位，绝对属于一种量的概念，不具备任何的评价特征。而在空间尺度当中，有很多的空间要素都因使用功能和自然规律等要素，来限定尺寸，比如人体的尺寸、人日常所用的设备机具的尺寸、家具的尺寸等，还有许多与空间环境相关的物理量的尺寸，比如声学、热学、光学等问题，都会依照相关的要求来达成功能的目的，针对人造的空间环境还会有特定的尺寸要求。这些尺寸往往是固定的，不会跟随人内在的心理感受进行变化。日常生活中比较常见的尺寸数据有人体的尺寸、建筑与家具构件的尺寸。

尺度的基础在于尺寸，从某个层面来说，尺度实际上是长期应用所形成习惯尺寸的心理沉淀，尺寸反馈的是客观规律，尺度是针对习惯尺寸的一种认可。

（二）比例

所谓比例，主要表现在事物当中的一部分对应事物的另一部分或整体在量度层面上所进行的比较、长短、高低、宽窄、适当的或协调的关系，通常情况下不涉及具体的尺寸。因为建筑材料自身的结构功能、性质以及建造过程中的种种原因，使得空间形式的比例被动地受到相应的约束；即便遇到这种情况，设计师依然渴望通过对空间形式和比例的把控，使得建造的环境空间达到人们预期的效果。

针对空间的尺寸所提供的美学理论基础层面，比例系统所处的位置远远领先功能和技术因素。通过众多的局部最终划归到一个比例谱系的方法当中，在进行空间构图的过程中，比例系统可以带动构图所涉及的众多要素实现视觉的统一性。它会使空间序列变得更有秩序感，连续性得以加强，还能成为室内室外各要素之间的某种连接。

在整体的建筑以及它的各个局部，当发现中间所有主要尺寸都有着一样的比例时，就会产生好的比例，也被称作是各要素之间的比例。只是在建筑当中与比例含义相关的问题还不止这些，还有一些是属于要素自身比例的问题，比如门窗、房间长宽之比等。而针对绝佳比例所做的研究主要都是围绕这些方面。

和谐的比例可以使人产生一种美感，公元前6世纪，来自古希腊毕达哥拉斯学派的学者认为，数是万物构成的最基本元素，宇宙中的一切现象都是通过数的原则来进行统治的。这个学派通过这种观点来对美学问题进行深入研究，探索数量比例与美之间的关系，并研究出著名的"黄金分割"理论，特别指出组成组合的要素之间以及整体与局部之间都存在着某种比例互相制约的关系，一切要素只要超出了和谐的限度，就会使整体比例出现失调。以往的历史针对怎样的比例关系可以产生和谐和美感有着很多不一样的理论，所产生的比例系统数不胜数，但它们在基本原则和价值方面却是一致的。

（三）对比

对比，指的是把两个互相对立且有一定差异性的要素放在一起。它可以凭借彼此之间的互相烘托陪衬来寻求变化。对比关系当中通过强调各个设计要素之间的色调、形态、色彩、位置、色相、排列、亮度、数量、形体、线条、方向、体量等方面的不同，从而使景色更加活泼、生动，凸显主题，使得人们看到这样的场景后产生热烈、兴奋、奔放的感受。

具体来说，它主要包含形体的对比、动静的对比、色彩的对比、明暗的对比、虚实的对比。

（四）微差

微差，指的是凭借各要素之间细微的差距和连续性来寻求环境的协调。伴随着微差的不断积累，景物也会不断发生变化，或者是升高、壮大、浓重而不生硬。

处于环境艺术设计当中的园林设计，往往会因为缺少对比而显得单调，当然，若是对比过多又会显得杂乱，唯有巧妙地融合对比和微差，方可达到既能显出变化又能凸显协调一致的效果。

三、与环境设计有关的空间尺度

（一）人体尺度

把人体与建筑之间的关系比例作为基础来开展针对与人体尺寸和比例相关的环境要素

和空间尺寸的研究，被称作是"人体尺度"。在对人体尺度进行研究的过程中，会要求空间环境在尺度方面要针对其是否适应人的生理及心理因素方面做充分的考虑，而这也是空间尺度的关键所在。

(二) 结构尺度

除了人体尺度因素以外的所有其他因素统称为"结构尺度"。在创造空间尺度过程中，设计师需要考虑的关键内容之一是结构尺度。若是结构尺度超过了常规的限定（人们所公认的大小），就容易产生错觉。

使用人体尺度和结构尺度，有助于我们针对周围要素的大小进行判断，对于空间整体的尺度感进行正确的显示，也可以尝试刻意地通过它来针对空间的尺寸感进行改变。

第六章　生态化材料与环境艺术设计的关联

第一节　生态化材料与环境艺术设计

一、环境艺术设计的思维方式

(一) 环境艺术设计思维方式的类型

1. 逻辑思维方式

逻辑思维也称抽象思维，是认识活动中一种运用概念、判断、推理等思维形式来对客观现实进行的概括性反映。通常所说的思维、思维能力，主要是指这种思维，这是人类所特有的最普遍的一种思维类型。逻辑思维的基本形式是概念、判断与推理。

艺术设计、环境艺术设计是艺术与科学的统一和结合，因此，必然要依靠抽象思维来进行工作，它也是设计中最为基本和普遍运用的一种思维方式。

2. 形象思维方式

形象思维，也称艺术思维，是艺术创作过程中对大量表象进行高度的分析、综合、抽象、概括，形成典型性形象的过程，是在对设计形象的客观性认识的基础上，结合主观的认识和情感进行识别所采用一定的形式、手段和工具创造和描述的设计形象，包括艺术形象和技术形象的一种基本的思维形式。

形象思维具有形象性、想象性、非逻辑性、运动性、粗略性等特征，形象性说明该思维所反映的对象是事物的形象，想象性是思维主体运用已有的形象变化为新形象的过程，非逻辑性就是思维加工过程中掺杂个人情感成分较多。在许多情况下设计需要对设计对象的特质或属性进行分析、综合、比较，而提取其一般特性或本质属性，可以说，设计活动也是一种想象的抽象思维。但是，设计师从一种或几种形象中提炼、汲取出它们的一般特性或本质属性，再将其注入设计作品中去。

环境艺术设计是以环境的空间形态、色彩等为目的，综合考虑功能和平衡技术等方面因素的创造性计划工作，属于艺术的范畴和领域，所以，环境艺术设计中的形象思维也是至关重要的思维方式。

3. 创造性思维方式

创造性思维是指打破常规、具有开拓性的思维形式，是对各种思维形式的综合和运用。创造性思维的目的是对某一个问题或在某一个领域内提出新的方法、建立新的理论，或艺术中呈现新的形式等。这种"新"是对以往的思维和认识的突破，是本质的变革。创造性思维是在各种思维的基础上，将各方面的知识、信息、材料加以整理、分析，并且从不同的思维角度、方位、层次去思考，提出问题，并对各种事物的本质异同、联系等方面展开丰富的想象，最终产生一个全新的结果。创造性思维有三个基本要素：发散性、收敛性和创造性。

4. 模糊思维方式

模糊思维是指运用不确定的模糊概念，实行模糊识别及模糊控制，从而形成有价值的思维结果。模糊理论是从数学领域中发展而来，世界上一些事物之间很难有一个确定的分界线，譬如脊椎动物与非脊椎动物、生物与非生物之间就找不到一个确切的界线。客观事物是普遍联系、相互渗透的，并且是不断变化与运动的。一个事物与另一个事物之间虽有质的差异，但在一定条件下却可以相互转化，事物之间只有相对稳定而无绝对固定的边界。一切事物既有明晰性，又有模糊性；既有确定性，又有不确定性。模糊理论对于环境艺术设计具有很实际的指导意义。环境的信息表达常常具有不确定性，这并不是设计师表达不清，而是一种艺术的手法。含蓄、使人联想、回味都需要一定的模糊手法，产生"非此非彼"的效果。同一个艺术对象，对不同的人会产生不同的理解和认识，这就是艺术的特点。如果能充分理解和掌握这种模糊性的本质和规律，将有助于环境艺术的创造。

(二) 环境艺术设计思维方法的应用

1. 形象性和逻辑性有机整合

环境艺术设计以环境的形态创造为目的，如果没有形象，也就等于没有设计。思维有一定的制约性或不自由性，形象的自由创造必须建立在环境的内在结构的合规律性和功能的合理性的基础上。因此，科学思维的逻辑性以概念、归纳、推理等对形象思维进行规范。综上，在环境艺术的设计中，形象思维和抽象思维是相辅相成的，是有机整合，是理性和感性的统一。

2. 形象思维存在于设计，并相对地独立

环境的形态设计，包括造型、色彩、光照等都离不开形象，这些都是抽象的逻辑思维方式无法完成的。设计师从开始对设计进行准备到最后设计完成的整个过程就是围绕着形象进行思考，即使在运用逻辑思维的方式解决技术与结构等问题的同时，也是结合某种形象来进行的，不是纯粹的抽象方式。譬如在考虑设计室外座椅的结构和材料以及人在使用时的各种关系和技术问题的时候，也不会脱离对座椅造型及与整体环境关系等视觉形态的观照。环境艺术设计无论在整体设计上，还是在局部的细节考虑上，在设计的开始一直到结束，形象思维始终占据着思维的重要位置。这是设计思维的重要特征。

3. 抽象的功能等目标最终转换成可视形象

任何设计都有目标，并带有一些相关的要求和需要解决的问题，环境艺术设计也不例外，每个项目都有确定的目标和功能。设计师在设计过程中，也会对自己提出一系列问题和要求，这时的问题和要求往往也只是概念性质，而不是具体的形象。设计师着手了解情况、分析资料、初步设定方向和目标，提出空间整体要简洁大方、高雅、体现现代风格等具体的设计目标，这些都还处于抽象概念的阶段。只有设计师在充分理解和掌握抽象概念的基础上思考用何种空间造型、何种色彩、如何相互配置时，才紧紧地依靠形象思维的方式，最终以形象来表现对抽象概念的理解。所以，从某种意义上来说，设计过程就是一个将抽象的要求转换成一个视觉形象的过程。无论是抽象认识还是形象思考的能力，对于设计都具有极其重要的作用和意义。理解抽象思维和形象思维的关系是非常重要的。

4. 创造性是环境艺术设计的本质

设计的本质就在于创造，设计就是提出问题、解决问题且创造性地解决问题的过程，所以，创造性思维在整个设计过程中总是处于活跃的状态。创造性思维是多种思维方式的综合运用，它的基本特征就是要有独特性、多向性和跨越性。创造性思维所采用的方法和获得的结果必定是独特的、新颖的。逻辑思维的直线性方式往往难以突破障碍，创造性思维的多方向和跨越特点却可以绕过或跳过一些问题的障碍，从各个方向、各个角度向目标集中。

二、环境与材料的关系

(一) 材料体现的环境意识

环境意识作为一种现代意识，已引起了人们的普遍关注和国际社会的重视。随着现代社会突飞猛进的发展，全球资源的消耗越来越大，所产生的废弃物也不断增加，环境破坏日益严重。因此，环境问题被提上日程，保护环境、节约资源的呼声越来越高。

长期以来，人们在开采、利用材料的过程中，消耗了大量的资源，并对环境造成了极大的污染，与生物一样，材料也有一定的"生命周期"。

（二）材料选择与环境保护的关系

随着环境问题的不断放大，人类开始寄希望于设计，以期通过设计来改善目前的生存环境状况。减少环境污染、保护生态成为设计师选用设计材料所必须考虑的重要因素。

三、环境艺术设计材料及其生态化研究

生活中常用的环境设计材料主要有黄沙、水泥、黏土砖、木材、人造板材、钢材、瓷砖、合金材料、天然石材和各种人造材料。下面论述的各种材料具有生态性和鲜明的时代特征，同时也反映出环境设计行业的一些特点。

（一）常见设计材料的类型划分

在工业设计范畴内，材料是实现产品造型的前提和保障，是设计的物质基础。一个好的设计者必须在设计构思上针对不同的材料进行综合考虑，倘若不了解设计材料，设计只能是纸上谈兵。随着社会的发展，设计材料的种类越来越多，各种新材料层出不穷，为了更好地了解材料的全貌，可从以下几个角度来对材料进行分类。

1. 依据材料来源分类

（1）第一代天然材料

第一类是包括木材、皮毛、石材、棉等在内的第一代天然材料，这些材料在使用时仅对其进行低度加工，而不改变其自然状态。

（2）第二代加工材料

第二类是包括纸、水泥、金属、陶瓷、玻璃、人造板等在内的第二代加工材料。这些也是采用天然材料，只不过在使用的时候，会对天然材料进行不同程度的加工。

（3）第三代合成材料

第三类是包括塑料、橡胶、纤维等在内的第三代合成材料。这些高分子合成材料是以汽油、天然气、煤等为原材料化合而成的。

（4）第四代复合材料

第四类是用各种金属和非金属原材料复合而成的第四代复合材料。

（5）第五代智能材料

第五类是拥有潜在功能的高级形式的复合材料，这些材料具有一定的智能，可以随着环境条件的变化而变化。

2. 依据物质结构分类

按材料的物质结构，可以把设计材料分为四大类。

（1）金属材料

分为黑色金属（包括铸铁、碳钢、合金钢等）和有色金属（包括铜、铝及合金钢等）。

（2）无机材料

主要有石材、陶瓷、玻璃石膏等。

（3）有机材料

主要有木材、皮革、塑料橡胶等。

（4）复合材料

玻璃钢、碳纤维复合材料等。

3. 依据形态分类

设计选用材料时，为了加工与使用的方便，往往事先将材料制成一定的形态，即材形。不同的材形所表现出来的特性会有所不同，如钢丝、钢板、钢锭的特性就有较大的区别：钢丝的弹性最好，钢板次之，钢锭则几乎没有弹性；而钢锭的承载能力、抗冲击能力极强，钢板次之，钢丝则极其微弱。按材料的外观形态通常将材料抽象地划分为三大类。

（1）线状材料

线状材料即线材，通常具有很好的抗拉性能，在造型中能起到骨架的作用。设计中常用的有钢管、钢丝、铝管、金属棒、塑料管、塑料棒、木条、竹条、藤条等。

（2）板状材料

板状材料即面材，通常具有较好的弹性和柔韧性，利用这一特性，可以将金属面材加工成弹簧钢板产品和冲压产品；板材也具有较好的抗拉能力，但不如线材方便和节省，因而实际中也较少应用。各种材质面材之间的性能差异较大，使用时因材而异。为了满足不同功能的需要，面材可以进行复合形成复合板材，从而起到优势互补的效果。如设计中所用的板材有金属板、木板、塑料板、合成板、金属网板、皮革、纺织布、玻璃板、纸板等板状材料制作的椅子。

（3）块状材料

块状材料即块材。通常情况下，块材的承载能力和抗冲击能力都很强，与线材、面材相比，块材的弹性、韧性较差，但刚性却很好，且大多数块材不易受力变形，稳定性较好。块材的造型特性好，其本身可以进行切削、分割、叠加等加工。设计中常用的块材有木材、石材、泡沫塑料、混凝土、铸钢、铸铁、铸铝、油泥、石膏等。

（二）常用的设计材料

1．木材制品

木材由于具有独特的性质和天然纹理，应用非常广泛。它不仅是我国具有悠久历史的传统建筑材料（如制作建筑物的木屋架、木梁、木柱、木门、窗等），也是现代建筑主要的装饰装修材料（如木地板、木质人造板、木质线条等）。

木材由于树种及生长环境不同，其构造差别很大，而木材的构造也决定了木材的性质。

（1）木材的叶片与用途分类

①木材的叶片分类

按照叶片的不同，树木主要可以分为针叶树和阔叶树。

针叶树一般树叶细长如针，树干通直高大，纹理顺直，表观密度和胀缩变形较小，强度较高，有较多的树脂，耐腐性较强，木质较软而易于加工，又称软木，多为常绿树。常见的树种有红松、白松、马尾松、落叶松、杉树、柏木等，主要用于各类建筑构件、制作家具及普通胶合板等。阔叶树一般树叶宽大，树干通直部分较短，表观密度大，胀缩和翘曲变形大，材质较硬，易开裂，难加工，又称硬木，多为落叶树。硬木常用于尺寸较小的建筑构件（如楼梯木扶手、木花格等），但由于硬木具有各种天然纹理，装饰性好，因此可以制成各种装饰贴面板和木地板。常见的树种有樟木、榉木、胡桃木、柚木、柳桉、水曲柳及较软的桦木、椴木等。

②木材的用途分类

按加工程度和用途的不同，木材可分为原木、原条和板方材等。

原木是指树木被伐倒后，经修枝并截成规定长度的木材。原条是指只经修枝、剥皮，没有加工造材的木材。板方材是指按一定尺寸锯解，加工成型的板材和方材。

（2）木材的特点

①轻质高强

木材是非匀质的各向异性材料，且具有较高的顺纹抗拉、抗压和抗弯强度。中国以木材含水率为 15% 时的实测强度作为木材的强度。木材的表观密度与木材的含水率和孔隙率有关，木材的含水率大，表观密度大；木材的孔隙率小，则表观密度大。

②含水率高

当木材细胞壁内的吸附水达到饱和状态，而细胞腔与细胞间隙中无自由水时，木材的含水率称为纤维饱和点。纤维饱和点随树种的不同而不同，通常为 25% ~ 35%，平均值约为 30%，它是影响木材物理性能发生变化的临界点。

③吸湿性强

木材中所含水分会随所处环境温度和湿度的变化而变化，潮湿的木材能在干燥环境中失去水分，同样，干燥的木材也会在潮湿环境中吸收水分，最终木材中的含水率会与周围环境空气相对湿度达到平衡。因此时木材的含水率称为平衡含水率，平衡含水率会随温度和湿度的变化而变化，因此木材使用前必须干燥到平衡含水率。

④保温隔热

木材孔隙率可达 50%，热导率小，具有较好的保温隔热性能。

⑤耐腐、耐久性好

木材只要长期处在通风干燥的环境中，并给予适当的维护或维修，就不会腐朽损坏，具有较好的耐久性，且不易导电。我国古建筑木结构已有几千年的历史，至今仍完好，但是如果长期处于 50℃ 以上温度的环境，则会导致木材的强度下降。

⑥弹性、韧性好

木材是天然的有机高分子材料，具有良好的抗震、抗冲击能力。

⑦装饰性好

木材天然纹理清晰，颜色各异，具有独特的装饰效果，且加工、制作、安装方便，是理想的室内装饰装修材料。

⑧湿胀干缩

木材的表观密度越大，变形越大，这是由于木材细胞壁内吸附水引起的。顺纹方向胀缩变形最小，径向较大，弦向最大。干燥木材吸湿后，将发生体积膨胀，直到含水率达到纤维饱和点为止，此后，木材含水率继续增大，也不再膨胀。木材的湿胀干缩对木材的使用有很大影响，干缩会使本结构构件产生裂缝或发生翘曲变形，湿胀则会造成凸起。

2. 石材制品

（1）石材的类别

①大理石

大理石是变质岩，具有致密的隐晶结构，硬度中等，碱性岩石。其结晶主要由云石和方解石组成，成分以碳酸钙为主（约占 50%）。中国云南大理县以盛产大理石而驰名中外。大理石经常用于建筑物的墙面、柱面、栏杆、窗台板、服务台、楼梯踏步、电梯间、门脸等，也常常被用来制作工艺品、壁面和浮雕等。

大理石具有独特的装饰效果。品种有纯色及花斑两大系列，花斑系列为斑驳状纹理，多色泽鲜艳，材质细腻；抗压强度较高，吸水率低，不易变形；硬度中等，耐磨性好；易加工；耐久性好。

②花岗岩

花岗岩石材常被用作建筑物室内外饰面材料以及重要的大型建筑物基础踏步、栏杆、堤坝、桥梁、路面、街边石、城市雕塑及铭牌、纪念碑、旱冰场地面等。

花岗岩是指具有装饰效果，可以磨平、抛光的各类火成岩。花岗岩具有全晶质结构，材质硬，其结晶主要由石英、云母和长石组成，成分以二氧化硅为主，占 65%～75%。花岗岩的耐火性比较差，且开采困难，甚至有些花岗岩里还含有危害人体健康的放射性元素。

③人造石材

人造石材主要是指人工复合而成的石材，包括水泥型、复合型、烧结型、玻璃型等多种类型。

20 世纪 70 年代末开始中国从国外引进人造石材样品、技术资料及成套设备，20 世纪 80 年代中国进入人造石材生产发展时期。目前，中国人造石材部分产品质量已达到国际同类产品的水平，并广泛应用于宾馆、住宅的装饰装修工程中。

人造石材不但具有材质轻、强度高、耐污染、耐腐蚀、无色差、施工方便等优点，且因工业化生产制作，板材整体性极强，可免去翻口、磨边、开洞等再加工程序。一般适用于客厅、书房、走廊的墙面、门套或柱面装饰，还可用作工作台面及各种卫生洁具，也可加工成浮雕、工艺品、美术装潢品和陈设品等。

（2）石材的特点

①表观密度

天然石材的表观密度由其矿物质组成及致密程度决定。致密的石材，如花岗岩、大理石等，其表观密度接近于其实际密度，为 2500～3100kg/m³；而空隙率大的火山灰凝灰岩、浮石等，其表观密度为 500～1700kg/m³。

天然岩石按表观密度的大小可分为重石和轻石两大类。表观密度大于或等于 1800kg/m³ 的为重石，主要用于建筑的基础、贴面、地面、房屋外墙、桥梁；表观密度小于 1800kg/m³ 的为轻石，主要用作墙体材料，如采暖房屋外墙等。

②吸水性

石材的吸水性与空隙率及空隙特征有关。花岗岩的吸水率通常小于 0.5%，致密的石灰岩的吸水率可小于 1%，而多孔的贝壳石灰岩的吸水率可高达 15%。一般来说，石材的耐水性和强度，在很大程度上取决于石材的吸水性，这是由于石材吸水后颗粒之间的黏结力会发生改变，岩石的结构也会因此产生变化。

③抗压强度

石材的抗压强度以三个边长为 70mm 的立方体石块的抗压破坏强度的平均值表示。根据抗压强度值的大小，石材共分为九个强度等级。天然石材抗压强度的大小取决于岩石的矿物成分组成、结构与构造特性、胶结物质的种类及均匀性等因素。此外，荷载的方式对抗压强度的测定也有影响。

（3）石材在环境艺术设计中的选择与应用

①观察表面

受地理、环境、气候、朝向等自然条件的影响，石材的构造也不同，有些石材具有结构均匀细腻的质感，有些石材则颗粒较粗，不同产地、不同品种的石材具有不同的质感效果，因此必须正确地选择适用的石材品种。

②鉴别声音

听石材的敲击声音是鉴别石材质量的方法之一。好的石材其敲击声清脆悦耳，若石材内部存在轻微裂隙或因风化导致颗粒间接触变松，则敲击声粗哑。

③注意规格尺寸

石材规格必须符合设计要求，铺贴前应认真复核石材的规格尺寸是否准确，以免造成铺贴后的图案、花纹、线条变形，影响装饰效果。

3. 塑料制品

（1）塑料制品的类别

①地板

塑料地板主要有以下特性：轻质、耐磨、防滑、可自熄；回弹性好，柔软度适中，脚感舒适，耐水，易于清洁；规格多，造价低，施工方便；花色品种多，装饰性能好；可以通过彩色照相制版印刷出各种色彩丰富的图案。

②门窗

相对于其他材质的门窗来讲，塑料门窗的绝热保温性能、气密性、水密性、隔声性、防腐性、绝缘性等更好，外观也更加美观。

③塑料壁纸

塑料壁纸是以一定材料为基材,表面进行涂塑后,再经过印花、压花或发泡处理等多种工艺而制成的一种饰面装饰材料。常见的有非发泡塑料壁纸、发泡塑料壁纸、特种塑料壁纸（如耐水塑料壁纸、防霉塑料壁纸、防火塑料壁纸、防结露塑料壁纸、芳香塑料壁纸、彩砂塑料壁纸、屏蔽塑料壁纸）等。

塑料壁纸具有以下五个方面的特点。

一是装饰效果好。由于壁纸表面可进行印花、压花及发泡处理,能仿天然石纹、木纹及锦缎,达到以假乱真,并通过精心设计,印刷适合各种环境的花纹图案,几乎不受限制,色彩也可任意调配,做到自然流畅、清淡高雅。

二是性能优越。根据需要可加工成难燃、隔热、吸声、防霉,且不易结露、不怕水洗、不易受机械损伤的产品。

三是适合大规模生产。塑料的加工性能良好,可进行工业化连续生产。

四是黏结方便。纸基的塑料壁纸,用普通801胶或白乳胶即可粘贴,且透气性好,可在尚未完全干燥的墙面粘贴,而不致造成起鼓、剥落。

五是使用寿命长,易维修保养。表面可清洗,对酸碱有较强的抵抗能力。

（2）塑料的特点

①质量较轻

塑料的密度平均约为钢的1/5、铝的1/2、混凝土的1/3,与木材接近。因此,将塑料用于建筑工程,不仅可以减轻施工强度,而且可以降低建筑物的自重。

②导热性低

密实塑料的热导率一般为金属的1/600～1/500。泡沫塑料的热导率约为金属材料的1/1500、混凝土的1/40、砖的1/20,是理想的绝热材料。

③比强度高

塑料及其制品轻质高强,其强度与表观密度之比（比强度）远远超过混凝土,接近甚至超过了钢材,是一种优良的轻质高强材料。

④稳定性好

塑料对一般的酸、碱、盐、油脂及蒸汽的作用有较高的化学稳定性。

⑤绝缘性好

塑料是良好的电绝缘体,可与橡胶、陶瓷媲美。

⑥经济性好

建筑塑料制品的价格一般较高,如塑料门窗的价格与铝合金门窗的价格相当,但由于它的节能效果高于铝合金门窗，所以，无论从使用效果方面，还是从经济方面比较，塑料门窗均好于铝合金门窗。建筑塑料制品在安装和使用过程中，施工和维修保养费用也较低。

除以上优点外，塑料还具有装饰性优越、功能性多、加工性能好、有利于建筑工业化等优良特点。但塑料自身尚存在一些缺陷，如易燃、易老化、耐热性较差、弹性模量低、刚度差等弱点。

4. 玻璃制品

（1）玻璃制品的类别

①平板玻璃

普通平板玻璃具有良好的透光透视性能，透光率达到85%左右，紫外线透光率较低，隔声，略具保温性能，有一定机械强度，为脆性材料。平板玻璃主要用于房屋建筑工程，部分经加工处理制成钢化、夹层、镀膜、中空等玻璃，少量用于工艺玻璃。一般建筑采光用3～5mm厚的普通平板玻璃；玻璃幕墙、栏板、采光屋面、商店橱窗或柜台等采用5～6mm厚的钢化玻璃；公共建筑的大门则用12mm厚的钢化玻璃。

玻璃属易碎品，故通常用木箱或集装箱包装。平板玻璃在贮存、装卸和运输时，必须盖朝上垂直立放，并须注意防潮、防水。

②磨砂玻璃

磨砂玻璃又称镜面玻璃，采用平板玻璃抛光而得，分为单面磨光和双面磨光两种。磨光玻璃表面平整光滑，有光泽，透光率达84%，物像透过玻璃不变形。磨光玻璃主要用于安装大型门窗、制作镜子等。

③钢化玻璃

将玻璃加热到一定温度后，迅速将其冷却，便形成了高强度的钢化玻璃。钢化玻璃一般具有两个方面的特点：一是，机械强度高，具有较好的抗冲击性，安全性能好，当玻璃破碎时，碎裂成圆钝的小碎块，不易伤人；二是，热稳定性好，具有抗弯及耐急冷急热的性能，其最大安全工作温度可达到287.78℃。需要注意的是，钢化玻璃处理后不能切割、磨削，边角不能碰击扳压，选用时须按实际规格尺寸或设计要求进行机械加工订制。

④中空玻璃

中空玻璃按原片性能分为普通中空、吸热中空、钢化中空、夹层中空、热反射中空玻璃等。中空玻璃是由两片或多片平板玻璃沿周边隔开，并用高强度胶黏剂密封条黏接密封而成，玻璃之间充有干燥空气或惰性气体。

中空玻璃可以制成各种不同颜色或镀以不同性能的薄膜，整体拼装构件是在工厂完成的，有时在框底也可以放上钢化、压花、吸热、热反射玻璃等，颜色有无色、茶色、蓝色、灰色、紫色、金色、银色等。中空玻璃的玻璃与玻璃之间留有一定的空隙，因此具有良好的保温、隔热、隔声等性能。

⑤变色玻璃

变色玻璃有光致变色玻璃和电致变色玻璃两大类。变色玻璃能自动控制进入室内的太阳辐射能，从而降低能耗，改善室内的自然采光条件，具有防窥视、防眩光的作用。变色玻璃可用于建筑门、窗、隔断和智能化建筑。

（2）玻璃的特点

①机械强度

玻璃和陶瓷都是脆性材料。衡量制品坚固耐用的重要指标是抗张强度和抗压强度。玻璃的抗张强度较低，一般在 $39\sim118$ MPa，这是由玻璃的脆性和表面微裂纹所决定的。玻璃的抗压强度平均为 $589\sim1570$ MPa，为抗张强度的 $1\sim5$ 倍，因此导致玻璃制品经受不住张力作用而破裂。但是，这一特性在很多设计中却也能得到积极的利用。

②硬度

硬度是指抵抗其他物体刻画或压入其表面的能力。玻璃的硬度仅次于金刚石、碳化硅等材料，比一般金属要硬，用普通刀、锯不能切割。玻璃硬度同某些冷加工工序如切割、研磨、雕刻、刻花、抛光等有密切关系。因此，设计时应根据玻璃的硬度来选择磨轮、磨料及加工方法。

③光学性质

玻璃是一种高度透明的物质，光线透过越多、被吸收越少，玻璃的质量则越好。玻璃具有较大的折光性，能制成光辉夺目的优质玻璃器皿及艺术品。玻璃还具有吸收和透过紫外线、红外线，感光、变色、防辐射等一系列重要的光学性质和光学常数。

④电学性质

玻璃在常温下是电的不良导体，在电子工业中做绝缘材料使用，如照明灯泡、电子管、气体放电管等。不过，随着温度上升，玻璃的导电率会迅速提高，在熔融状态下会成为良导体。因此，导电玻璃可用于光显示，如数字钟表及计算机的材料等。

⑤化学稳定性

玻璃的化学性质稳定，除氢氟酸和热磷酸外，其他任何浓度的酸都无法侵蚀玻璃。但玻璃与碱性物质长时间接触容易受腐蚀，因此，玻璃长期在大气和雨水的侵蚀下，表面光泽会消失、晦暗。此外，光学玻璃仪器受周围介质作用，表面也会出现雾膜或白斑。

5. 水泥

（1）水泥的类别

水泥是一种粉末状物质，它与适量水拌和成塑性浆体后，经过一系列物理化学作用能变成坚硬的水泥石，水泥浆体不但能在空气中硬化，还能在水中硬化，故属于水硬性胶凝材料。水泥、沙子、石子加水胶结成整体，就成为坚硬的人造石材（混凝土），再加入钢筋，就成为钢筋混凝土。

水泥的品种很多，按水泥熟料矿物一般可分为硅酸盐类、铝酸盐类和硫铝酸盐类。在建筑工程中应用最广的是硅酸盐类水泥，常用的水泥品种有硅酸盐水泥、普通硅酸盐水泥、矿渣硅酸盐水泥、火山灰质硅酸盐水泥和粉煤灰硅酸盐水泥等。此外，还有一些具有特殊性能的特种水泥，如快硬硅酸盐水泥、白色硅酸盐水泥与彩色硅酸盐水泥、铝酸盐水泥、膨胀水泥、特快硬水泥等。

建筑装饰装修工程主要用的水泥品种是硅酸盐水泥、普通硅酸盐水泥、白色硅酸盐水泥。

（2）水泥在环境艺术设计中的选择与应用

水泥作为饰面材料还须与沙子、石灰（另掺一定比例的水）等按配合比经混合拌和组成水泥砂浆或水泥混合砂浆（总称抹面砂浆），抹面砂浆包括一般抹灰和装饰抹灰。

第二节　竹资源在环境艺术设计中的运用

纵观中国五千年文明史，竹这种自然植物已经在不知不觉中渗入中华民族的物质生活和精神生活中，其物理属性随着科学技术的进步被人们不断认识，文化属性也伴随着文明的进步而被传承和发展。资源，一般分为自然资源和社会资源。《经济学解说》中，将"资源"一词定义为"生产过程中所使用的投入"，此定义从本质上说明了资源就是生产要素。对于环境艺术设计来说，竹资源就是一种特殊的设计对象，包含了对竹子物理属性和文化属性的运用。

一、环境艺术设计中的竹资源概念

（一）竹资源的概念

资源是量化一种事物的说法，竹子不管是从植物属性、材料属性还是文化属性都有自己独特的魅力,竹资源,正是对这些属性的一种概述和总称。狭义的竹资源,即竹的植物资源;广义的竹资源,还包括竹资源的文化形态的体现。

竹资源有着分布的广泛性、人们对它的熟知性、繁殖生长的快速性、绿色可再生性等优势,理应作为环境艺术设计领域专门的设计对象进行研究。

(二) 环境艺术设计与竹资源

环境艺术设计的设计对象很多,像地形、水体、植物等,本文提到的竹资源也是环境艺术设计对象的一种。如果说环境艺术设计是一曲宏大的交响乐,竹资源就是多种乐器的载体,竹资源在环境艺术设计中的应用很广泛,从室内装潢到室外绿化,从建筑材料到装饰材料,从室外景观观赏竹到室内竹盆景,许多地方都会见到竹的身影。鉴于竹资源在环境艺术设计中有着极其重要的地位和作用,任何一个学习环境艺术设计的学生或者从业人员都无法绕开竹资源,因此,竹资源在环境艺术设计中的应用研究就需要更系统、更全面、更深入。这里就尝试从竹资源作为观赏竹、竹材以及竹意向运用等方向对竹资源在环境艺术设计中的运用做一个梳理。

二、观赏竹在中国环境艺术设计中的运用

竹子四季常青,集挺拔、刚直、清幽于一身,和松树、寒梅并称岁寒三友,与梅、兰、菊并称为"四君子"。竹资源不但在人们的生活中用途广泛,而且也是环境艺术设计中的重要组成部分,在中国园林中有着举足轻重的作用,"宁可食无肉,不可居无竹"的千古佳句更是说明了它在中国自古以来的重要地位。纵观历史我们发现,竹资源作为一个重要的设计对象,经历了一系列的发展变化,从一开始的和其他植物平等到因其特殊的美学价值、文化价值而走上前台;从一开始作为木材的简单替代品,到因其特殊的材料属性成为一种优秀的设计材料;从一开始简单的意向再现到因其独特的文化内涵而被再设计加以利用。

从时间轴上看,观赏竹在其景观设计中的地位与景观设计的发展的趋势是相对应的,中国古典园林景观设计经历了秦汉成熟期、魏晋南北朝转折期、隋唐全盛期、两宋明清成熟期,这条脉络正好和观赏竹脱颖而出的顺序相对应,这说明观赏竹是经过古人反复比较筛选出来的景观设计对象。作为竹意向的运用,是与竹和竹文化发展相对应的,作为竹材则是随着今日技术上和理论上的进步而日趋走向成熟的。

三、竹资源运用于环境艺术设计的价值

广义的价值,大多和金钱相关,可以交换;而本文的价值,更倾向于事物的地位。竹

资源的价值不言而喻，但其作为设计对象的价值却值得另行思考，从某种意义上说，选择竹资源作为设计对象，它所具备的所有价值就是我们需要去挖掘的设计价值。那么接下来就从竹资源的文化价值、美学价值、生态价值、功能价值、经济价值等几个方面谈谈竹资源的设计价值。

（一）竹资源的文化价值

竹资源的文化价值使得对竹资源进行设计，具有极高的接受度，人们从文化的角度对包含竹资源的设计就会进行惯性的联想。以物比人，一直是中国文化的传统，在文学艺术和文化形态上面，竹的形象、气质、风骨、品格历来都是文人追捧的对象，因而自然而然被人格化，赋予精神烙印。

诗人赋予了竹"刚""柔""忠""义""谦""贤""德"等品格。中国古代文人士大夫钟爱竹，就是因为它凌霜傲雪、不畏逆境、中通外直，经过多年的歌颂和传唱，竹的一些特性被拟人地赋予了文静、高雅、虚心、进取、刚正、高风亮节等精神，在中国的传统文化中，竹成为这些精神的象征和载体，其文化价值也体现在这些方面，概括起来，这些象征有以下三个。

1. 高风亮节

苏武牧羊，秉持符节，是其操守的体现，古人有诗云："玉可碎而不可改其白，竹可焚而不查毁其节。"寓意人的骨气、气节，竹节引申出来的气节，是中国人精神境界中非常重要的元素。郑燮尤爱画竹，他画的竹兀傲清劲，别具一格，具有高度的艺术表现力和艺术感染力，在他的《竹石》诗中写道："咬定青山不放松，立根原在破岩中。千磨万击还坚劲，任尔东西南北风。"这首流传千古的诗歌，将竹子不屈不挠的精神品格书写得淋漓尽致。

2. 虚怀若谷

竹除了有节，还有中空的特性，想象力丰富的古人将竹中空的特性和人的虚心联系起来；竹的叶子都是两两相对、自然下垂的，像极了汉字中的"八"，仿佛俯首，这个特性又被拟人为低头虚心。竹高而不傲，虚心向上，在文人墨客的笔下，竹被着墨颇多。现代国画家、书法家李苦禅先生的一副赞美竹的对联写道"未出土时便有节，及凌云处更虚心"，更是写出了竹的虚怀若谷。

3. 刚直不阿

竹的主基修长刚直，中国常见的毛竹一般高达20m左右，像印度、斯里兰卡等热带国家盛产的麻竹，更是可以超过35m。每年春季，竹等破土而出，拔地而起，给人以欣欣向荣、奋发向上的力量感和生命感，竹的这种向上的气质和笔直的竹莲又被赋予了刚直不阿、奋发向上的精神。

（二）竹资源的美学价值

美学价值是任何设计对象所必须具备或者潜在的条件，竹资源的美学价值体现在竹作为观赏植物的形态美和作为建筑材料的结构美上。

1. 形态美

竹类植物作为中国文人热衷的梅兰竹菊四君子之一，四季常绿、姿态优雅、赏心悦目，自古以来就是园林绿化和造园艺术中不可或缺的观赏植物。在我国现有的多种竹类植物中，已知的被用于观赏竹的就有多种，观赏竹姿态优美，竹竿的高大挺拔、竹枝的凌空横展、竹叶的婀娜多姿，还有随着季节变化而带来的序列变化之美，比如每年竹子都会经历生长、抽枝、展叶、换叶等演变，这些特征也构成了竹观赏性的一部分。随着季节的变换，竹景也随之变化，春之动、夏之荫、秋之爽、冬之静展露无遗，生长时的生命感、抽条时的线条感、展叶时的伸展感、换叶时的萧瑟感都是观赏竹形态美的具体体现。

此外，竹材纹理通直、色泽淡雅、气味醇香，这些特性都是一般材料所无法比拟的，相比木材，竹材的天然纹理也极具形态美，无论纵切、横切，竹材的切纹都很流畅、生动、自然。

2. 结构美

结构美可以分为三个部分，即首先符合力学的要求；其次构图要美，统一、均衡、比例、尺寸、韵律、序列等方式在结构中都有体现；最后要注重细节美。相比木材的结构美，竹材在细节上虽然比不上木材榫卯结构的精细，但是也有其独特的韵味，各种捆扎、穿插、聚散使得细节上精细而不繁杂；竹材相较钢材、木材运用于结构中的一个极大的优势就是可以进行弯曲，弯曲后排列的韵律是其他材料所无法比拟的，而且弯曲后，运用于大跨度的拱中，既是结构，又是装饰，本身的结构美代替了装饰美，省去了二次装修的费用和时间。

（三）竹资源的生态价值

生态化的设计思路使得设计对象的选择需要考虑其生态性。竹很大的一个优点就是有极强的无性繁殖能力，能不断进行自我更新，一片成型的竹林年年都可以收获竹材，且单位面积的杆材产量也高于木材。一片竹林每年以 5% 的面积自然扩展，每亩有 2km 的鞭根，每年每亩有 2 万棵芽，这样的速度正好能满足绿色建材的生态化、可再生化的需求。

说到竹资源的生态价值不得不提到的就是竹资源净化空气、调节气候的作用，竹类生长速度快、繁殖简单容易、一次造林，合理经营的话，终身受益，用在城市中能够大量吸收二氧化碳制造氧气，每公顷竹林可比相应面积的树林多提供 35% 的氧气。此外，还能吸收一定量的二氧化硫等有害气体，对减少噪声、吸附灰尘也能起到一定的作用，特别是竹类根系发达，生长密集，每公顷竹林可以蓄水 1000 吨，对防治水土流失、涵养水源也能起到很好的作用。

（四）竹资源的经济价值

竹资源被誉为"绿色的金矿"。竹子被制成地板、竹席、垫子、竹炭、面料、竹工艺品等进入人们的衣食住行，连竹叶也是很好的饲料。随着技术的进步和经济的发展，竹产业和竹贸易的扩大，竹资源的应用领域不断得到扩展。竹材从过去的以农业为主，发展到现在的建筑业、造纸业、加工业等行业。经济价值的创造，使得人们可以花费更多的人力、物力去研究竹资源，这样的良性循环，无疑有利于竹资源的开发利用。

四、环境艺术设计中竹材料的运用

（一）竹材料的优势与弊端

1. 竹材料的优势分析

随着社会的发展，现代人越来越多地追求回归自然，对纯天然的材料钟爱有加，竹材的属性完全顺应了潮流的发展，加上建筑师设计师不遗余力地探索和研究，使得竹资源中竹材作为设计材料的运用有了越来越多的亮点，但是竹材在很多地方的传统观念中，是穷人才会使用的建材，因为它廉价，遍地都是。伴随着近些年建筑材料的短缺和相应的价格上涨，竹材的廉价却又变成了优势，竹子作为设计材料有着其他材料不可比拟的优点。

（1）从竹材料本身的结构来看

竹子管状纤维构成的圆管状结构使得竹子不但材质坚硬，还具有轻便的特性，抗弯强度也较高，虽然超出弯曲强度时竹纤维也会断裂，不过由于竹材的竹纤维呈束状分布，在超过弯曲强度时，开裂不会像木材一样彻底折断，这个特性就给维修或者更换竹构件提供了可能性。在相同的密度条件下，竹材所具有的弯曲度大大超越了木材。由于竹子的弹性特性，竹材作为结构构件，在抗震强度上要优于木材。

（2）竹材有着良好的物理属性

从力学上讲，竹材的强度是一般木材的两倍，顺向抗拉强度为200MPa，抗压强度可达74MPa。别看竹子很轻，但它是世界上最坚硬的植物之一，从数据来看，竹材的抗压性约等于砖头和水泥，抗拉性甚至可以和钢材相媲美，有研究证明，我国古代的帆要比欧洲的帆简单实用，就是因为帆用到了竹子作为支撑。

（3）竹材和木材在化学成分上极其相似

其中的纤维素和木质素都是有机高分子聚合物，这些聚合物组成天然的复合材料，这种材料在一定的物理条件下具有很好的耐久性。我国古建筑中常用到的竹条、竹钉、竹骨等部件，保存完好的能达到两三百年的历史。

（4）竹子分布广泛、应用成熟

在我国南方，竹资源丰富，竹材取材方便，很多室内装潢都采用了竹子，如亭、台、楼、阁、廊、厅、柱、梁、檐等形式和部位都能找到竹的踪迹，人们巧妙运用竹的特性，通过斗、拼、镶、嵌等工艺，用竹建造一座座的房屋。在川南的穿斗结构民居中，除了结构的穿斗部位为实木，墙体部分大都是采用竹编加泥土的方式制作的，这样的墙面轻巧结实，隔热保温效果显著。

竹材作为一种有生命力的材料，拥有优异的材质性能，对于竹材的开发，我们更应该多利用其自身的优点来完成我们的设计，同时也要加强对竹材料和工艺的研究，将传统的材料赋予现代的生产工艺，使得两者有机结合，积极探索对竹材不同部位、不同物理状态下竹材开发的方式。

2. 竹材料的弊端分析

天然的原竹运用于建筑中有很多缺点需要在设计上克服。

（1）原竹呈管状、中空，个体差异很大，直径跨度大、壁厚分布不均匀、截面形状也不是正圆，竹节虽然增强了竹材的强度，但是对加工者来说，也是一个不小的麻烦。而且，竹节的分布不均匀，不同竹类在节段的差异也不可避免，竹材的个体差异导致其不能批量化、规模化、精确化、机械化生产，只能靠手工作坊里面的工匠凭经验去挑选、搭配和制作生产。

（2）竹材吸水性强，容易开裂，不耐火。

（3）竹龄较短的竹材富含蛋白质，含糖量也很高，这一特性带来的问题就是极易吸引虫蛀。

（4）竹的特殊属性导致其在加工过程中的工序比砖石、木材要多。在古代建筑中，梁柱的主要部件都是由木材或者砖石组成，这是因为这些部件要求的截面较大，支撑力要均匀，如果用竹来取代，势必需要很多根竹子，经过烦琐的加工捆扎，才能得到想要的大小，加上捆扎以后的竹是由很多根竹子组成的，每一根的个体差异，导致了整体质地的不均匀；古代建筑构件之间的连接主要是靠各种榫卯，不管是木材还是砖石，它们都是密实的固体，可以加工出各种形状进行桥接，而竹材的连接就受到其中空特性的制约，只能进行简单的弯曲、打孔、开槽、榫合。

（二）竹材竿件的直接运用

竹材竿件主要是用到竹莲部分，是竹资源中竹材的主要部分，也是在环境艺术设计中运用得比较多的部分。接下来，就对竹材竿件的直接运用部分进行分类研究。

1. 以竹代木形运用

以竹代木即用竹材来代替木材的一种运用方式，上文提到了竹材的一些优缺点，相对于木材，竹材的成材时间短、材料更易取得，竹还有吸湿吸热等性能方面的优势，而且竹材表面光滑、质感细滑、胜似漆器，质感强烈。相对木质家具，以竹代木形运用在加工过程中，较少用到像木材板材中甲醛等对人体有害的化学物质，利用竹子的特性加工的情况比较多，纯天然绿色无污染，有益于人体健康。

（1）原竹家具

原竹家具，顾名思义就是把原始的竹材只进行简单的烘烤、蒸煮等防霉、防蛀、防裂表面处理，而这些工序本身不会伤害竹材的天然外貌。原竹家具有一个显著的特征，就是以线为基础的设计造型，不同的材料，都会有它与生俱来的形式语言来构筑它独特的造型形式。原竹家具，从造型上来讲，就是一种将线的各种形态在三维空间中进行位置的经营和构造上的连接。

我国引以为傲、自成体系的书法，就是以线为构造的杰出典范，线条中蕴含着无尽的奥妙，书法依托于不同的构字形式，运用不同的运笔方法，呈现出关于线构造的种种意象，篆字的遒劲有力，隶书的飘逸洒脱，楷体的端庄儒雅，草书的奔放不羁。如果我们把书法看作书法家在二维空间中施展他对线条表现力的掌控，那么中式家具，或者说其中集大成的明式家具，则是鲁班后代在二维空间中操控线条超凡能力的另一种诠释。他们在线构造上的造诣，已经不是简单的技术层面，而是上升到了艺术的境界。书法与家具的区别在于前者在于表意与为道，后者在于为器与实用。要实用，就必须将空间中的线条落实到具体的物质材料上面，原竹材料的线性特征使得原竹家具的设计，有了和明式家具的几分神似。且不说经过现在设计师精心设计的新潮竹家具，就是沿用至今最常见的传统竹家具，不管是式样还是细节，都是不可多得的好用家具的典范。

在原竹家具的运用上，呈现出针对性强的特点，由于传统原竹家具的识别率很高，加上其特有的底蕴，只能在相对传统的中式风格或者泰式风格中出现，经过设计师不断改良，其中不乏精品，能极好地融入其他装饰风格中。关于这一点，产品设计师还有很长的路要走。

（2）以原竹对木构进行模仿

位于四川省宜宾市的蜀南竹海，大到景区大门，小到指示牌，都是用竹子制成的，这一类竹建筑，从外形到内涵，都是用竹在传统建筑的延续，像景区的牌坊，从柱子到屋檐，从瓦片到飞檐，虽然做得惟妙惟肖，但都是以竹简单地模仿木牌坊的功能，这样的建筑只能在以竹为主题的景区里，因为建造这样的一栋建筑，首先需要大量的竹材，所有的建筑构件都是竹的，包括墙、柱、窗框、椽、房间隔断、瓦，如果运输距离过长，无疑增加成本。其次，需要对竹材很熟悉的工匠，工匠的制作工艺主要靠的是一代又一代口传身教。再者除了工艺，构筑这样的建筑，需要大量的时间，增加了人工成本。这几个弊端就注定了这类传统构造的竹建筑不能大面积地推广，具有极强的地域性。

2. 天然水管型

水和竹似乎与生俱来有着密切的关系，由于竹子竿长且中空，成为天然的水管材料，拔掉竹节的方法在古代就掌握了。古代的一些工厂甚至是建在竹林周围或者在周边栽培竹林，以便大量采竹用来架设水管，这种现象直至人们发明了其他材质的水管才逐渐被人淡忘。

随着技术的进步，竹水管逐渐被钢管或者PVC水管所取代，但是竹水管这一独特的景观却通过现在的水景保留了下来。

3. 节点构造型

节点构造型的运用是指竹竿件经过各种节点的连接捆绑，形成的极具结构美感的构造形式。

（1）钢构节点

何陋轩以竹材作为主要建筑材料，让竹竿件通过特制的节点钢构连接，组成优美的结构，承载了建筑所有的压力和拉力。何陋轩综合使用了竹结构、石结构、钢结构，延伸了宋元明清以来的木结构体系，机智地表达了技术所特有的历史动力感。以其独特的感性特征，以新颖运用竹材料的独特方式，赋予了建筑独特的品位。

这种形式的成功，证明只要处理好竹材竿件的节点连接问题，竹在大跨度建筑上完全可以桁架的方式出现，既满足功能的需求，又有形式上的美感。

（2）捆绑节点

捆绑节点在环境艺术设计中还有一种十分常见的范例，那就是竹篱、竹墙、竹栏杆。园林景观的布局离不开空间的组合，作为空间分隔的篱笆、墙垣与栏杆，在满足空间组织这一实用功能的基础上，对园林景观的创造也起到了极为重要的作用，它们虽然形式不同，但有一个共同的特点，那就是线条感极强。在绿色植物的衬托下，竹竿淡淡的黄色显得尤为突出，或竖向排列，或横向延伸，既是景观设施，又是立体构成的绝佳载体。

用竹作为这类景观设施的材料，自古都是人们的不二选择，从汉字"篱笆"二字就可以看出端倪。栏杆、篱笆、竹墙的主要功能都是界定空间，栏杆通常低矮而通透，围护性不及围墙，但可以明确地界定空旷的边界，并在危险地段起到确保安全的作用。随着人们对环境景观的日益重视，出现了越来越多设计漂亮的栏杆、围墙等，作为传统的材料，竹竿依旧是组成这些景观的很好选择。竹竿特有的线条形，用在竹篱、竹墙、竹栏杆上，通过各种组合，或竖向排列，或弯曲捆扎，形式丰富，可根据不同的景观选择不同的样式。竹篱、竹墙、竹栏杆的特点首先是造型丰富，从简洁明快到精美华丽，各具特色；其次是具有其他材料所不具备的天然质感、特殊色泽以及淳朴的气息。

（三）竹材料的二次创作

1. 竹编器物

浙江余姚河姆渡遗址，形成于距今 7000 多年前的原始社会早期。考古人员在清理遗址时，发现了大量竹编席子残片，这种原始的竹席采用二经二纬的编织法，在今天仍被大量采用。浙江吴兴钱山漾遗址，在距今 4000 多年的新石器时代开始形成，在这个遗址中，出土了数百件的竹器实物，虽然经过了几千年，但是因为它们在泥土中与空气隔绝而保存完好，这些竹器的样式和用法也几乎和现代一样。这两个事例说明，我们的祖先早在几千年以前，就对竹器物的使用进行了大量的探索，并找到了相对完善的制作工艺和方法，流传至今。在《清明上河图》中，竹编织物出现的频率也很高，光室内就有竹篮、竹簸箕等器物若干。发展到现代，竹器的生产模式从小作坊式加工逐渐走向了民间艺术之路，更多地成为一种装饰品，真正运用到日常生活中的竹器越来越少。伴随着竹器与现代设计结合的浪潮，以竹作为材料的新生物品也如雨后春笋般层出不穷，如由竹编灯笼转变而成的现代竹灯等。竹编还可以和现代工业产品相结合，如竹编的手机套、竹编的包装盒等，无不散发着竹所特有的古朴典雅。就竹编器物在室内设计来讲，还是以容器为主，有的造型优美的竹编容器，慢慢地从功能性转变为观赏性，成为竹工艺品，装点在室内，成为室内设计中的另一亮点。

2. 竹编界面

竹材的个体差异很大，不同种属的竹材竿材差距很明显，即便是同一种科属同一片竹林中的两棵竹子，其直径、管壁厚度、竹节长度也有所不同，而把竹变成竹丝、竹篾等元素，再由它们通过编制，构成面，这样就能方便地避免竹资源个体差异的不足，从而以面的形式完成室内界面的装饰。竹编的方式多种多样，这样带来的好处是界面装饰的选择空间较大，可根据不同的需求进行选择，满足不同界面装饰的需求。

3. 复合竹材

复合竹材又称集成竹材，是一种沿板材或者方材平行纤维的方向，用胶黏剂胶合而成的板材，原材料可以是剩余物或者短小材，这样既可以保持天然的纹理，又可以获得可用性更强的几何尺寸和较好的板材物理属性。常见的复合材料的方式有三种机构类型，即指接、拼接和层积。复合竹材相对木材强度更大且结构均匀，在加工过程中，可以将竹材的节以及腐朽、裂纹、虫眼等缺陷选择性地去掉，只利用优质的部分，这样经过人工组合的复合竹材，结构均匀，强度增大，尺寸可控范围增大，减小了基材湿胀干缩引起的变形或者开裂，增加了尺寸的稳定性。

通过加工后的复合竹材，也能像木材一样被制成方材，从而改变了竹材本身的结构特点，使其更像木材而优于木材。复合竹材的加工过程一般是：将竹材经过热处理，纵向剖开成为竹片，刨去竹青、竹黄，干燥定形，按照需要进行指接、拼接或者层积的方式，涂胶，热压，形成复合竹材。

集成竹材继承并放大了传统竹材物理学性能良好、收缩率低的特性，幅面大、变形小、尺寸稳定、耐磨损、强度大的优点，也使其在板材中脱颖而出。一样能胜任锯截、钻孔、开榫、砂光、打磨、涂饰等加工。由于其生产过程中经过热水处理，成品的封闭性良好，可以有效地防止霉变和虫蛀，特殊的肌理又能让人有回归自然的惬意，无时不感受到扑面而来的传统文化的气息。这类竹材生产的家具，在运用上与木质家具无异，但在生态环保层面上要明显优于木材。

五、环境艺术设计中竹意象的运用

(一) 环境艺术设计中竹形象的再现

竹的形象再现有很多种方式，通过不同的载体对竹的形象进行再现，从而将竹的形象运用到环境艺术设计的各个领域，是竹在环境艺术设计中的重要运用方式，竹的形象再现，包括具象的竹字画对竹的再现，或者制作工艺等方式对竹的再现，再者通过印刷和数码处理将竹的形象运用到墙纸或者窗帘等载体上，被运用于环境艺术设计中。

在中国多民族的传统文化中，竹在实物文化和景观文化中都扮演着重要的角色，它既是先民自然崇拜的对象，又是审美鉴赏的景观，还是各种工具、器物、建筑的原材料，甚至竹笋还是一道美味佳肴，相对梅、兰、菊，竹比它们涵盖的范围更广，就算比起岁寒三友里的松，虽然松也可以充当木构建筑和木制品原材料，但比起竹在被用作木构建筑和木制品原材料的广泛性而言，松还是相去甚远。竹林七贤、孟宗哭竹、湘妃竹的传说，胸有成竹、成竹在胸、竹报平安、青梅竹马等典故也是耳熟能详、妇孺皆知，这些文化因素让竹在装饰题材的接受程度上占尽了先机。

在装修装饰的过程中，经常用到的墙纸、床单、窗帘等，面积相对较大，是竹字画转移的一个方向，一些写实或者极度抽象的竹字画，以不同的载体出现在环境艺术设计中，呈现了竹资源在室内设计运用的另外一种趋势，那就是把竹元素通过简单的再现，赋予不同的载体而存在。

磨砂玻璃在环境艺术设计中的运用很广泛，经常用在需要采光又有一定私密性的空间界定上，竹形象在磨砂玻璃上的直接或者间接出现，虚实的对比，别有一番韵味。

（二）环境艺术设计中竹形象的再设计

设计师在环境艺术设计中并不是一定要用到竹资源的实物，很多意象性的运用，即将竹形象进行二次设计，也能让人自然感受到竹的存在。这是竹资源在环境艺术设计中的另一个重要发展趋势，需要设计师对竹资源的文化属性和物理属性有深入的了解，并通过创新性的设计，让人情不自禁想到竹。

第七章　环境艺术设计的应用

第一节　室内环境艺术创意设计与应用

一、室内环境艺术设计的思维模式

室内设计教育思维基础，主要针对学生直观形象思维和抽象逻辑思维的启发和训练，以及人文社会学的研究和思考。在复杂的室内设计中，多种学科知识交集，不应以单一的形象思维训练作为主体。虽然它在直观反映设计的结果上具有重要作用，但离开了抽象逻辑的合理性构想，其结果将使设计成果"纸上谈兵、镜花水月"。

在室内设计思维模式中，我们对设计者进行室内设计的教学思路一般都经过"设计理论—概念设计—模拟项目设计—实践项目设计"的过程。从开始的设计理论阶段要求的直观形象思维和抽象逻辑思维的融合，过渡到激发想象力和表现力的概念设计，然后是考虑设计方案合理化和设计具体实施训练的模拟项目设计，直至最终考验设计综合能力，面向就业的实践项目设计。在设计传授课程中，教师也是在执行室内设计行业知识和实践经验的传授过程。在这一过程中，需要逐渐完善理论和实践的联系，这就要求：以直观的仿真缩小比例的空间模型辅助教学，帮助学生理解空间的概念、空间的形态结构、空间的功能划分、空间的尺度关系等。一方面有利于将平面化的纸上思维转化为立体空间思维；另一方面也借助模型的结构理解外部建筑形态与内部空间的关系，同时对室内设计模型制作的课程也加强了设计者对室内结构和室内家具陈设等的尺度和材料理解。除了利用模型辅助教学强化设计者对空间知识的了解，还需要同建筑考察和室内设计实例考察相联系。室内设计行业的实践特性要求我们必须紧紧跟随社会装修装饰流行资讯、行业前沿科技发展、经典和著名的室内设计作品，这些内容单靠课程教学是很难了解的。而定期的校外行业调研和项目考察参观是学生了解实践知识和行业先进经验的重要手段，如考察一些有特点的建筑群体或旅游区有特色的建筑。

建立完备的装饰材料与施工工艺、照明设计、计算机辅助设计等实训实验室。我们所从事的室内设计行业在设计作品的制作施工中设计师是无法进行直接控制的，如果想要得到设计所预计的效果，作为设计主体的设计师必须和施工制作人员进行协调和沟通。将图纸化的设计转化为实体的过程，如果没有对装饰材料和施工工艺的充分理解将无法进行。建立固定的装饰材料样品陈列室和装饰施工工艺演示室，必要时还要聘请资深室内施工人员进行现场操作演示室内工程施工过程，这样能够提供给学生最直观的施工实践经验和对装饰设计效果的体会。目前在环境艺术设计专业中，一直没能把照明灯光设计作为景观或室内设计的重要组成部分，这不得不说是一个失误。照明设计对于室内环境的装饰和日常应用非常重要，理应取得和室内造型设计同等甚至更高的重视。在室内设计教育中，注重照明设计实训室的应用也就取得了设计市场上未得到充分开发的灯光设计领域的开发。此外，模型制作实训室、家具制作实训室等也能在室内设计教育中发挥重大的作用。

环境艺术设计专业下有景观设计和室内设计两个方向，而室内设计如果再次细分则有居住空间、商业空间、办公空间三个不同的就业方向，在室内设计教学中应进行分类培养。虽然我们艺术设计学科的知识范围要求宽泛和"跨界"，但无疑具有专项空间设计能力和经验的设计师在就业方面更具有优势。也就是知识联系性要"广"，而技能独特性要"专"，两者并不矛盾而是相辅相成的。不同的空间类型需要不同的设计思考侧重点，也有不同的空间功能、形式审美方面的要求。

二、解决室内环境设计创造性问题的方法

面对实现可持续发展的种种困难，虽然不同国家表现出不同的特点，但终究包括两个方面：一方面是实施可持续战略的物质技术基础；另一方面是可持续发展的思想意识。

思想意识对于新事物的完全适应需要外界矛盾的激化达到人们必须改变原有思维的程度，人们才会调整自己的想法与面临的环境相适应。换句话说，人们思想意识的调整需要外界刺激达到一定程度。也只有到了思想意识与物质技术同步的时候，物质技术的出现才能真正发挥其作用。从我国面对可持续发展表现出来的特点可以看出，我国面对可持续发展所体现出来的物质技术和思想意识并不是同步的，在物质技术方面已经达到实施可持续发展战略的水平，但可持续发展的思想意识还没有受到普遍重视，人民群众的可持续发展意识还很薄弱。

任何一种行动都是由思想支配的。设计的理念和对于现有物质技术的使用在很大程度上并不是完全同步的，尤其是涉及社会群体中的大部分或核心部分的时候，往往物质技术和思想意识呈现出不同步性。物质技术的进步，一般来说，首先是由个体或小团体推进，当这种发展了的技术符合当时大部分群体或核心群体的意识水平时，两者就可以达成同

步；两者存在差异的时候，就不能同步。所以，要想走出社会生态、人文生态危机引发自然生态危机的困局，首先就要树立社会生态、人文生态与自然生态共生互融的观念，树立经济的发展、社会的发展与人文生态和自然生态共同发展、协调发展的观念。换句话说，实现室内设计可持续发展，首要任务是要提升人们可持续发展的思想意识，构建可持续的生活幸福观念。

三、室内环境设计中的意境

凡优秀的室内设计无不是在追求一种精神上的韵致，即"意境"的创造。"意境"是室内设计的灵魂与精华所在，它是室内设计高层次的表现。那么，何为"意境"呢？"意境"本是中国传统艺术所追求的境界，是情与景的交融、意与象的统一。

室内环境是由诸多元素构成的，如空间形态、环境色彩、质地、光线、室内陈设、绿化等。这些构成元素综合成一种无声的语言环境，表达出特有的意境和情调，使人们在这个环境中产生联想，从而得到精神上的享受。色彩给人的感受是强烈的，不同的色彩以及不同的色彩组合，都会给人以不同的感受。在进行室内环境设计时，必须考虑到室内色彩的空间效果以及色彩的感情效果。色彩具有各种"表情"，有引起人们各种感情的作用，因此，我们在设计时应巧妙地利用它的感情效果。色彩具有冷暖感觉。有的色彩使人产生温暖的感觉，如红色使人联想到火焰，橙色、黄色使人联想到太阳；有的色彩会使人产生冷的凉爽的感觉，如蓝色、绿色、紫色，在冷饮厅内多用这些色彩。环境情绪过程，即人对环境在情感上的反映及对环境所持的态度，如喜欢、厌恶、愤怒、恐惧、紧张等。环境意志过程——客观存在。人对环境不仅感受、认识，还要意志于环境，对环境加以改造的过程。由上可知，人对环境所感知的东西不仅仅是实在的空间界面，而且能感知到超出这些实体以外的某种气氛、意境和风格，产生情感上的共鸣，从而得到美的享受与启迪。

光线对于烘托室内环境气氛、创造"意境"有着很大的作用。室内设计中对光的运用包括对自然光的运用和对人工照明的运用。室内环境对自然光的运用主要通过两个方面：一方面是通过对透明玻璃顶的运用，使自然光通过透明的玻璃顶射入室内；另一方面是通过现代科技手段对自然光进行控制与调整，通过对采光口的处理来调整室内自然光照度的分布。室内环境对人工照明的运用是多方面的。从照明的目的上来讲，可分为实用性照明和装饰性照明。

空间形态的不同，会引起不同的感情反应，所隐喻的空间内涵也不同。从空间的种类上划分，可以把空间划分为以下几种：

结构空间。通过对结构外露部分的观赏，来领悟结构构思及营造技艺所形成的空间美的环境，可称为结构空间。

开敞空间。开敞的程度取决于有无侧界面，侧界面的围合程度、开洞的大小及启闭的控制能力等。开敞空间经常作为室内外的过渡空间，有一定的流动性和很高的趣味性，是开放心理在环境中的反映。

封闭空间。用限定性比较高的维护实体（承重墙等）包围起来的无论是视觉、听觉等都有很强隔离性的空间称为封闭空间。

动态空间。动态空间引导人们从"动"的角度观察周围的事物，把人们带到一个由空间和时间相结合的"第四空间"。

悬浮空间。室内空间在垂直方向的划分采用选吊结构时，上层空间的底界面不是靠墙或柱子支撑，而是依靠吊杆悬吊，或用梁在空中架起一个小空间，有一种"悬浮""飘浮"之感。

流动空间。流动空间的主旨是不把空间作为一种消极静止的存在，而是把它看作一种生动的力量。在空间设计中，避免孤立静止的体量组合，而追求运动的、连续的空间。

静态空间。基于动静结合的生活规律和活动规律，并为满足人们心理上对动静的交替追求，我们在研究动态空间的同时不要忽略对静态空间的研究。静态空间一般有以下特点：空间的限定度较强，趋于封闭型；多位尽端空间，序列至此结束，私密性较强；多为对称空间，除了向心力以外，较少有其他的倾向，达到一种静态的美与平衡；空间及陈设的比例、尺度较协调；色调淡雅和谐，光线柔和，装饰简洁；视线转换平和，避免强制性引导视线的因素。

室内陈设品包括很多范畴，有室内家具、室内绿化、室内装饰织物、地毯、窗帘、灯具、壁画等等。家具是室内环境设计中的一个重要组成部分，与室内环境形成一个有机的统一整体。室内环境意境的创造离不开家具的选择与组织搭配。家具是体现室内气氛和艺术效果的主要角色。

室内绿化是室内空间环境设计中意境表达的一个主要方面，它主要是利用植物材料并结合园林常见的手段和方法，组织美化室内空间，协调人与空间环境的关系，进一步烘托室内的气氛。总之，室内陈设品在室内具有很强的创造室内"意境"的作用，不同的陈设品会使人产生不同的联想，激起不同的情感，形成室内空间不同的格调与意境。

空间是有限的，意境却是无限的，作为现代的室内设计工作者，我们应在有限的空间内创造出无限的意境。一个平淡的室内设计，不会有永恒的审美价值，但一个具有强烈"意境"美的室内空间，所留给人的印象是强烈的、耐人寻味的，也将是具有无穷生命力的。

（一）意境在室内环境设计中的应用

位于北京国贸中心的中国大饭店"夏宫"，在现代室内环境设计中也是追求意境的一个典型代表。它充分借鉴了中国传统的室内环境设计在组织形式上用挂落、落地罩、刻花玻璃等隔断物进行装饰的做法，将室内分为中心大厅和四人小雅座厅，通过升高顶棚，绘制沥粉贴金镶画，装配具有浓郁中国气息的现代吊灯，并在四角挂以杏雨、含翠、丹枫、香雪等四季主题命名的匾额，形成空间上的隔断感与通透性结合，极具诗意，并给人以时空上的统一感。大厅和雅座厅既融为一体又相对独立的空间组织既能够体现设计的灵活性，更能创造出具有较高审美价值的"意境"，耐人寻味。

（二）室内环境意境美的设计原则

一是健康生态原则。健康生态是现代室内环境设计首要考虑也是必须履行的基本原则，无论哪种设计，一旦违背了人类生理和心理健康，就会刺激人们的情绪，产生不良的后果。如果在室内环境设计中利用过分夸张离奇的造型、阴暗沉闷的用色、坚硬粗糙的材质等进行夸张式处理，就会引起观者在心理和生理上的不适，进而产生不良情绪和心境。在进行室内环境的意境设计时，健康即意味着没有丑陋、怪异和尖锐等能够导致人们感官不舒服的因素存在。

生态意味着生命力的永恒，和谐则是维持这种永恒的基础所在。在室内环境设计中则要求人与室内环境之间的和谐，以及人与空间环境氛围的和谐等。比如，空间设计的尺度须符合人的正常尺度感，采光和通风也应当适应人的生理和心理的健康需要，空间整体上的环境氛围要有利于人保持乐观向上的生活态度等。

二是传情达意原则。意境不是凭空产生的，它要通过具体现实的物进行表现，它既依赖物的综合表现，同时也能够超越物的外像，达到心态情感的共鸣。因此，意境称得上是一种"心象"。所谓"心随形动"，物的变化对"心象"的产生和变化也自然有着实质的影响，比如，当人们看到以前的生活照时，往往会想到过去的生活情景。可见，"心象"的产生很多时候要借助"老照片"这样的物的象征、隐喻和暗指等。以中国画中的梅花来说，枝秆遒劲有力，花朵清洁素雅、艳而不俗，常被用来象征"铁骨撑天地，微香映国魂"的英雄气概和"无意苦争春，只把春来报"的高贵品质；中国画里的竹子则常用来隐喻"未出土时先有节，便凌云去也无心"的人格品质。这都是通过外物所表现的"心象"。

意境对"物"的依赖性也决定了构建意境的一切物质要素都须具备"表达"功能，

或者通过自身的形象特征进行表达，或者通过象征、隐喻、暗指等手法间接表达。比如，想营造一种"采菊东篱下，悠然见南山"的田园意境，在设计选型时就应以质朴亲切、淡雅宜人、自然而少雕琢为必要，将这些要素的"个性"融合起来进行综合表达，田园兴味就会油然而生。如果室内陈设，能够在托物言志上再下些功夫，意境自然就更显深远了。

三是立意构思的脱位、超位原则。人们在社会活动中往往根据自我与他人的关系及在他人心中的地位来定位自己。这种不自觉的定位划分了社会上的不同群体和阶级，也使"认同归属感"由此产生。在设计居所环境的过程中，人们通常会首先参考那些与自身定位相同或者相近的人群的"样式"，或者向他们看齐，或者在其基础上稍加改造，结果导致了单调局面的产生，形式上陷于重复或者雷同的尴尬之境。虽然单调为人的生存提供了基本条件，对人的生理需求来说也无可厚非，但是从满足人们生理和心理需求的意境设计来看，这种格局无疑是对韧性的巨大压抑。

四是空间净化原则。参观过画展的人都知道，在展览馆内，除了作品和照在画作上的灯光之外，任何多余的陈设都是不存在的，连室内色彩也是纯净单一的。人们只有在这样的空间中才可以完全放松心情，让情感和思绪伴随作品的意境自由驰骋，达到一种完全超脱自身的状态。

可见，净化空间对意境的营造具有重要作用，空间中的造型、颜色、照明、材质等要素都应当保持高度凝练，避免过多过杂。事实上，信息过多的环境往往会干扰人的思绪，引起不安或烦躁的情绪，甚至引发生理和心理的疲劳感。这跟人们在繁华的街市采购一天，往往会疲惫不堪，而在清幽寂静的环境里逗留一天，则会觉得舒坦享受的道理是一样的。

五是平实的生活类原则。虚幻往往是文学作品中对意境美的一种阐释，空中楼阁可以予人以虚幻之美，无中生有、空穴来风在某种程度上说也是由虚幻产生的。作为人们生活起居的室内，它是人们真实面对自己生活的私密空间，其意境之美应当是建立在生活基础上的生活美。这种美来源于生活，同时又是生活内涵的外延。对于那些脱离实际生活，一味追求离奇、精致、矫饰的设计，虽然在一定程度上能营造出某种意境，但是从审美角度来说，一旦新鲜感消失，审美疲劳马上就会产生。长时间生活在这种环境中，也会给人的心灵带来很大折磨，这就是某些娱乐场所隔三五年甚至一两年就需要重新设计装修的原因。平实质朴的生活之美，恰似一盏灯，不在于华丽的外表多么吸引人，而在于其创造了光明的世界，从而给人以光明的美感。从平淡生活中创造出意境美才具有感染力，才能保持永恒的魅力。

（三）营造室内环境意境的方法

空间有限，意无限。优秀的设计师往往具有将界面造型、尺度变化、色彩搭配、家具选择、陈设布局、花草绿化、光影处理、材质选择以及空间分割等各种设计元素有机结合起来的能力，通过充分利用装饰材料自身的特性，进行整体分析、精心策划，并赋予其人性化的内涵，从而在有限的空间中营造出无限的意境。

一是处理好意境的主题与功能的辩证关系。主题的设定是室内环境意境生成的源泉，而主题的确定则取决于设计诸要素的综合运用。在室内环境设计中，功能的定位是塑造室内意境的基础，一味追求意境而忽视功能，往往导致本末倒置，得不偿失。这就要求设计师要在充分考虑功能的前提下，明确这个室内环境所要反映的主题是什么。换言之，设计师在营造意境时，要在充分考虑其功能的基础上，注重所要表达的室内环境意境的主题氛围，达到渲染主题意境与功能需要的完美统一，避免顾此失彼。

二是了解不同材料质感所产生的意境效果，学会灵活运用多种材料组织。室内环境设计离不开材料的应用，材料直接影响着空间意境的营造。材料的表现要配合造型色彩、灯光等视觉条件，并非孤立存在，这样才能使材料在营造意境中的作用得到充分发挥。不同材质给室内环境带来的意境感受也往往不同，比如，采用纹理自然、材质温润而富有弹性的木材，给人以平易近人、宾至如归的感觉；采用质地坚硬、阴冷滑腻的天然石材，则会营造出肃穆、豪华和冰冷凝重的环境氛围；手感柔软细腻的丝织物，会为室内环境增添温暖、幸福、舒适的效果；表面光亮的陶瓷制品，则会显得室内空间明亮整洁；而色彩亮丽的塑料铺地材料，则使室内环境表现出丰富多彩的视觉效果。因此，灵活运用多种材质组合，在和谐中求对比，在统一中求变化，可以更加准确地表达室内环境的意境。

三是创造性地运用"光"这一独特元素。作为艺术手段而言，光无疑是最直接、最低价的形式，却可以创造独具特色的视觉效果，是室内环境设计中不可或缺的构成因素。如果对光的价值认识充分并能够加以巧妙利用，就可以收到良好的意境效果。光的色彩、强弱和灯具的种类等，都可以改变或影响室内的空间感，营造出迥然不同的意境。通常情况下，如果采用耀眼的直接照明灯光，可以使人产生明亮紧凑的空间感；间接照亮的灯光则主要通过照射到顶棚后进行反射，对拓宽空间的视野具有帮助；暖色灯光可以在居室中营造温馨舒适的感觉；冷色灯光则使室内环境显得凉爽而通透，吸顶灯和镶嵌在顶棚内的灯具可以使空间看起来更高大一些，吊灯（尤其是大型吊灯）会使空间在高度上显得低一些；暗设的规则灯槽和发光墙面使空间的统一感更为强烈；明亮的光线可使空间显得宽敞，昏暗的光线则会使居室显得深邃。

四是充分利用色彩的视觉冲击效果。色彩要素对人的视觉冲击也十分强烈，在室内环境对意境的营造中占有重要地位，不同的色彩和色彩组合搭配给人以不同的感受。在对室内意境进行设计的过程中，需要注意根据观者心理需求的差异、业主个人情趣和功能需求等要素来营造具有主色调的环境。色调有冷暖之分，通过对色温的合理利用，可以使室内环境在意境上表现得更加符合环境的自然变化。如红色和橙色，会使人对太阳、火焰等事物产生联想，从而使人感觉温暖；紫色、青色、绿色、蓝色以及白色等偏冷的色调则会使人联想到大海森林、蓝天白云，使人感受到冷静理智的光芒。此外，色彩的意境效果还包括动静感、伸缩感以及由此而产生的对人的心理上的各种情感。

五是根据实际需要，合理运用传统意味的装饰主题。传统的装饰性主题往往有较强的装饰性，更重要的是，其具有很强的象征性。将它们运用到室内，会使这种空间上的流动效果和跨越性得到显现，可以有效提高室内环境的文化内涵，对表达其地域性和文化底蕴具有积极作用。如此，人们会比较容易融入熟悉的环境中，使情感得到平衡和放松。

六是恰到好处地选择陈设品，以达到"画龙点睛"的效果。恰到好处地选择和运用摆设物品，对室内意境的创造也具有十分重要的作用。根据室内环境的整体效果，利用文字、图案、装饰物和其他艺术品引导人们进行联想，以此为契机去帮助人们体会和把握环境所蕴含的深刻内涵，增强室内环境的感染力。在进行室内环境设计的过程中，应准确地把握陈设品的造型和摆放位置；应当注意其主题的表现手法，使空间类型和装饰风格相互协调，从而更好地展示出空间的个性气氛，点明空间主题，营造出一种特有的气氛。

四、室内环境艺术创意设计应用

(一) 装饰元素的图案

中国装饰图案是装饰文化宝库特有的一种审美形式，它种类繁多、题材丰富，是中华民族文化艺术成就上一道亮丽的风景线。中国工艺类装饰图案主要有彩陶图案、青铜图案、建筑装饰图案和染织图案，其装饰手法千姿百态，由于不同历史时期审美文化和工艺制作的差异，呈现出个性的多样化和装饰的多元化。

1. 彩陶装饰图案

彩陶装饰图案反映了人类与大自然之间质朴的情感，体现了对美好事物追求的思想意识。随着时间的流逝，各种直曲线和流动旋转的形式成为彩陶装饰的主旋律，人类经过实践发现了抽象几何线条内涵的文化意蕴即形式美规律，这在当时是一个多么伟大的创举。

在现代社会中，彩陶以其优美的造型、精巧的装饰，成为现代室内装饰用品的新宠，对室内空间环境氛围的营造起到了画龙点睛的作用，同时，彩陶装饰图案具有简洁、大气、朴素、流畅的特征，表现出自由舒展、生机盎然的装饰风格，与现代人追求个性化和时尚感的生活方式相吻合，对于中国特色的现代室内设计的发展产生了深远的影响。

2. 青铜装饰图案

青铜装饰图案主要展示形与线结合的美，其装饰特征表现为庄重、威严以及神秘，如中国文字博物馆室内装饰效果极其巧妙地运用了青铜装饰图案，尤其在"钟鼎春秋"的展区设计中，整个青铜装饰风格与陈列语言融为一体，和谐自然；在博物馆外廊的雕墙和雕柱上，红黑相间的饕餮纹图案构成了殷商宫殿形象的基本要素，在设计上采用后现代的表现手法，充分体现了中国传统的装饰艺术风格。在中国现代室内设计中，青铜装饰图案还用于墙饰和隔断等，使室内空间环境更加别有一番风味。

3. 建筑装饰图案

中国建筑装饰图案种类繁多，如瓦当、斗拱、门窗、屏风以及砖雕等雕刻和彩绘装饰图案，不但与现代中国室内设计中的形体组合相吻合，而且反映了浓厚的伦理色彩。为了达到传统与现代的和谐统一，就要以中国建筑装饰图案的原型作为设计元素，通过提炼、概括等手法，将不同的材质创新运用到现代室内设计中，因此，只有古为今用、推陈出新，才能使设计本身更加丰富，更加具有中国文化内涵。

民间剪纸和年画，对于中式室内装饰的发展产生了深远的影响。剪纸装饰艺术具有典型的东方文化象征和强烈的民族地域特色，是深受老百姓喜爱的一种传统手工艺艺术形式，是装饰元素极其重要的构成因素。剪纸装饰艺术题材丰富、种类繁多，主要有窗花、喜花、灯花、绣花等花样，艺术样式取之于生活、用之于生活，剪纸艺术图案大多是对事物原型的想象，通过艺术的手法表现出来。民间剪纸装饰图案大多是动物、人物、草木花卉等，锯齿形是剪纸独特的装饰语言。比如，室内设计主要采用岭南剪纸装饰艺术、民间的漆雕工艺、琉璃和仿古家私来定位中式风格，沙发背景墙的灰镜与剪纸装饰艺术相结合做成的红色镂雕饰品，形成强烈的对比效果，强调了整个空间的视觉亮点，更加别具独特的中式韵味。剪纸装饰图案往往是形中有形、花中套花，使室内环境散发出喜庆、祥和、欢快、自由的生活气息。

年画是中国特有的一种装饰绘画，它同剪纸一样，都是传统文化的艺术表现形式，寓意喜庆祥和，深受老百姓的欢迎。在中国，年画又被称为"喜画"，中国南北方有著名的"四大年画"，由于南北方地域文化的差异，形成了不同的装饰内容和风格。

中国年画的艺术特色在现代室内装饰设计中体现得淋漓尽致，不仅直观地为人们营造了美观的居住环境，也展现了浓郁的民族地域文化内涵，给人带来审美的愉悦和情感上的震撼力。年画在室内空间的表现形式上多种多样，可以直接用作家居装饰品，也可以做成屏风之类的装饰构件用来分隔空间。此外，在现代的时尚家居生活中，印有年画元素的靠垫、杯垫和茶杯等体现了中国装饰艺术的独特风格和文化内涵，深受人们的喜爱。

中国书画具有深厚的历史积淀，是中国独特的民族文化艺术形式之一，从古到今，在中国室内装饰文化的发展中，扮演着高雅、脱俗的角色。笔、墨、纸、砚是中国书画文化的物质和精神载体，把对美好事物的情感抒发得淋漓尽致，用花卉类书画来装饰沙发背景墙，不仅给整个室内增添了古色古香的气息，也为美化装饰室内环境起了画龙点睛的作用。在现代室内设计中，中国书画除了有增加装饰氛围的作用外，还可以对人的身心健康有一定影响。中国书画是室内装饰品很不错的首选，对于室内装饰文化的发展有一定的刺激效果。

京剧脸谱艺术是中国特有的一种装饰艺术，被看作中国装饰文化的标示物。京剧脸谱常用色彩和线条来绘制各种图案，常以蝙蝠、燕翼、蝶翅等图案来装饰眉眼面颊，突出表现人物的性格特征。在现代社会，京剧脸谱作为一种装饰纹样被移植到室内，散发出浓浓的东方韵味。丰富多彩的中国装饰图案，象征了光辉灿烂的装饰文化，设计师应该吸取中国装饰图案文化的精髓，继承传统，发扬创新，在现代室内装饰设计中更好地发挥中国装饰图案的艺术魅力。

（二）装饰元素的材质

在室内装饰设计中，选用自然材质的装饰元素也是装饰文化的特色之一，无论是传统中式还是现代中式，都给人一种自然、亲近的感觉。具有中华民族特色的材质更贴近自然，其中，最有代表性的几种材质是木材、石材、竹和藤等，不同的材质，质感和特性也不一样，在室内设计中，要注重材质之间相互协调和对比，营造和谐、生动的室内空间氛围。

（三）装饰元素的精神内涵

装饰元素在室内设计中的表达，是装饰文化内涵的体现，具有鲜明的民族地域特色，中国装饰文化主要以传统文化思想为基础，推动着中国特色室内设计的繁荣和发展。尊重自然是中国装饰文化的精髓，在人类改变自然的活动中，自然界中的人造物是文化发展的产物，当然装饰元素也不例外，装饰元素的文化内涵是其在室内设计应用中的理论升华。

装饰元素的表达方法有象征手法、寓意表达、谐音变换几种。

1. 象征手法

在中国装饰文化艺术中，象征是一种常用的艺术手法，百度上阐述象征手法是借助某一特定事物的具体形象来表现一种抽象的概念和情感，赋予事物含蓄而有深意。

现代室内设计中的装饰元素种类繁多，文化内涵丰富，在不同的室内空间中，表达着不同的象征意义，让人浮想联翩，耐人寻味。龙是中国人集美文化思想的产物，是中华民族的标志符号，象征着权势和高贵；中国结代表中国人对美好事物的追求，象征团结、希望。

2. 寓意表达

寓意是某一事物寄托的特殊意义，和象征一样，也是一种常用的艺术手法。在中国现代室内设计中，传统寓意与现代时尚元素相结合，彰显了中华民族含蓄的内敛性和现代韵味感。装饰元素的寓意表达多来自民间故事和文学典故，是中国装饰文化发展的产物，是在劳动人们的生活实践中总结得出的。

3. 谐音变换

谐音，作为一种艺术手法，来源于我国悠久的汉文化。汉语中发音相同，但字形和字义都不同，这是汉文字谐音艺术的魅力所在，文字谐音的变化，不但丰富了汉文字语言，而且赋予文字情趣和人性化，装饰元素的谐音变换表达是不可缺少的。中国人喜欢用谐音，这与中国人的生活习惯有很大关系。

现代家居空间设计的最终目的不是为了满足简单的居住需求，而是为了寻找舒适的精神家园，装饰元素的家居空间设计是建筑装饰艺术历史发展的结果，也是中国装饰文化观念的产物，中式民居是现代家居空间的典型代表，推崇返璞归真、天人合一的思想文化理念，符合倡导的生态环保和可持续发展的设计理念。但是由于社会的发展和现代人审美情趣的提高，中式民居的家居空间设计也开始发生相应的转变，从中式民居中提炼传统精华创新运用，形成了以装饰元素为题材、以中国装饰文化为主线的特色家居空间。中国现代家居空间设计体现的不仅是中国人的生活方式，更是一种生活态度，其中，装饰元素的大胆创新成为家居空间设计独特的风景线。

第二节　居住区环境艺术设计理论与应用

适宜的城市居住区环境能够提高城市的区域环境质量。居住区环境景观艺术设计是较新的领域，它要求技术和艺术相结合，并同建筑设计和园艺设计紧密相连。在居住区环境日益受到重视的今天，环境景观的设计也受到人们的重视，在设计要点、理念、设计重点等方面，都要求我们去认真学习和研究。

一、居住环境景观设计概述

居住环境景观主要指户外环境景观。下面介绍居住环境景观设计的基本概念与设计特征。

（一）居住环境景观设计的基本概念

1. 绿地

绿地在居住区景观中占有很重要的地位，它是指以自然植被和人工植被为主要存在形态的居住区用地。在一个居住区中，绿地有公共绿地、专用绿地、道路绿地和其他绿地等不同种类。它作为居住区用地中的一个有机组成部分，越来越被各级政府、消费者（居住区居民）和开发商所关注。

2. 景观

景观是建筑学中一个范围宽泛、带有综合性并难以准确定义的概念。居住区是一个复杂的有机体，房屋建筑是其主体，它与建筑以外的空间环境相辅相成，形成一个景观。一般来说，建筑为人们提供生存和工作所需要的空间场所，虽然它是形成居住区景观的重要内容，但其基本要求表现为功能实用、造型美观和经济等。

所以，在一般情况下，居住区的景观多指建筑物以外的一切，包括人工的与自然的，它是居住区居民活动和休闲使用的空间环境，要求舒适、安全和具有观赏性。

3. 实质景观

实质景观与活动景观相对应，是一种固定的客体景观，可以分为自然景观和人工景观两种。自然景观与居住区的自然地理条件息息相关，由地形、地势、水体、山岳等组成，在设计人工景观时，常常利用自然景观来表现和张扬个性。人工景观是人类自己创造的体量巨大并与人自身密切相关的景观，往往通过空间结构、建筑形体、色彩和各类设施等要素以及它们之间的关系来表现。

4. 户外环境景观

户外环境景观是指居住区各类建筑物以外的空间环境，是构成居住区景观的主要部分。户外环境景观一般包括软质景观和硬质景观两大类。

5. 景观规划设计

景观规划设计是以城市或居住区中的自然要素与人工要素的协调配合来满足人们的活动要求，创造具有地方特色与时代性的空间环境为目的的工作。其工作领域覆盖从宏观整体环境规划到微观的细部环境设计的全过程，一般分为整体景观规划设计、区域景观规划设计与局部景观规划设计三个层次。景观规划设计是对城市或居住区空间视觉环境的保护、控制与创造，它和城市规划（总体规划、分区规划等）、城市设计、建筑设计、景观建筑设计有着密切的关系，它们之间互相渗透、互为补充。

（二）居住环境景观设计的特点

1. 整体性

居住环境景观设计是一种强调环境整体效果的艺术。居住环境由各种室外建筑的构建、材料、色彩及周围的绿化、景观小品等各种要素整合构成。一个完整的环境设计，不仅可以充分体现构成环境的各种物质的性质，还可以在这个基础上形成统一而完美的整体效果。没有对整体效果的控制与把握，再美的形体或形式都只能是一些支离破碎或自相矛盾的局部。

2. 多元性

多元性是指景观设计中将人文、历史、风情、地域、技术等多种元素与景观环境相融合的一种特征。如在众多的城市住宅环境中，可以有体现当地风俗的建筑景观，也可以有异域风格的建筑景观，还可以有古典风格、现代风格或田园风格的建筑景观。这种丰富的多元形态，包含了更多的内涵和神韵，典雅与古朴、简约与细致、理性与狂欢。因此，只有多元性的居住环境景观才能让城市环境更为丰富多彩，才能让居民在住宅的选择上有更大余地。

3. 人文性

景观设计的人文性特征表现在室外空间的环境应与使用者的文化层次、地区文化的特征相适应，并满足人们物质的、精神的各种需求。只有如此，才能形成一个充满文化氛围和人性情趣的景观空间。我国南北自然气候迥异，各民族生活方式各具特色，居住环境千差万别，人文性特征非常显著，是极其丰富的景观设计资源。

4. 艺术性

居住环境景观设计中的所有内容，都以满足功能为基本要求。这里的功能包括使用功能和欣赏功能，二者缺一不可。室外空间包含有形空间与无形空间。有形空间包含形体、材质、色彩、景观等，它的艺术特征一般表现为建筑环境中的对称与均衡、对比与统一、比例与尺度、节奏与韵律等。而无形空间的艺术特征是指室外空间给人带来的流畅、自然、舒适、协调的感受与各种精神需求的满足。二者的全面体现才是景观设计的完美境界。

5. 科技性

现代社会中，人们的居住要求越来越趋向于高档化、舒适化、快捷化，更注重安全性。因此，在居住环境景观设计中，增添了很多高科技的东西，如智能化的小区管理系统、电子监控系统、智能化的生活服务网络系统、现代化通信技术等，而层出不穷的新材料使景观设计的内容在不断地充实和更新。

二、居住区绿地生态规划设计

（一）居住区绿地生态规划设计的原则

1. 生态多样性及稳定性原则

生态学的多样性原则应用于居住区的生态绿地景观规划具有很重要的意义，它能通过对各种居住区的基本功能单元的生态位重叠，在较小的绿地空间中创造多样性的居住环境，满足人类对居住区生态环境的需求，同时使居民在居住区能感受到舒适、轻松和快乐。

2. 人文性及人性化原则

居住区的生态绿地景观反映了地域文化和该地区人们的审美趋向。在设计过程中，应该充分体现地方特征和当地的自然特色，不能一味地追求主题规划而忽略了地方特色。还应从人们的需要、行为、生活方式、文化品位等入手，为居民提供合理而且人性化的生活休息服务设施及生态景观，并赋予其现代精神、个性化特点。也就是园林绿地景观一切为了居民，必须保证居民都能共享绿地景观带来的轻松、愉快、安全、舒适等的生活环境。

3. 艺术美原则

居住区绿地生态景观规划是一种艺术与自然的结合体，因此，在规划过程中，要在生态性、科学性、整体性等的前提下，尽量做到绿地景观符合人们的审美需求，给居民一种艺术的熏陶，同时使他们获得美的享受。如在植物配置时，应注意线性变化，利用灌木轮廓线的曲折变化，使平行的直线条融入曲线，并在统一基调的基础上，变换树种，创造出优美的林冠线和林缘线，打破建筑群落的单调和呆板感。

4. 可持续发展原则

景观设计就是自然的再创造，即在人们充分尊重自然生态系统的前提下，发挥主观能动性，合理规划人工景观，不论是在住宅本体上还是在居住环境中，每一种景观创造的背后都应与生态原则相吻合，都应体现出形式与内容内在的理性与逻辑性，使生态型居住区景观达到"天人合一"的境界。

(二) 居住区绿地生态规划方法

1. 绿地景观植物配置

在生态型居住区景观植物的配置过程中，应有利于形成开放性格局布置文化娱乐设施，使休闲运动交流等人性化空间与设施融合在景观中，营造有利于发展人际的公共空间。通过景观植物与周围环境的色彩、质感等的对比突出园林小品以及铺装、坐凳处的特定空间，起到点景的作用。同时充分考虑植物配置的系统性、生物发展的多样性，以植物造景为主题，达到平面上的系统性、空间上的层次性、时间上的相关性，从而发挥最佳的生态效益。

在植物的选择上应注重配置组合，倡导以乡土植物为主，还可适当选取一些适应性强、观赏价值高的外地植物。在生态型居住区植物配置过程中，还应着重体现出主题化的景观原则，即生态性。

通过营造幽雅、宜人、舒适的组团植物景观，并做到主次分明和疏朗有序，讲求乔木、灌木、花草的科学搭配，创造"春花、夏荫、秋果、冬青"的四季景观。要合理应用植物围合空间，根据不同的地形、不同的组团绿地选用不同的空间围合。

2. 园路及铺装

生态型居住区的风景园林的道路系统不同于一般的城市道路系统，它具有自己的布置形式和布局特点。园林绿地常见的园路系统布局形成一般为套环式、带带式和树枝式三种。在园路具体外观表现上，园路多表现为迂回曲折、流畅自然的曲线性，正如中国古典园林所讲的峰回路转、曲折迂回、步移景异。生态型居住区的园路也可以根据功能需要收放宽度和尺寸，在不同转折处设置不同宽度的园路。这样宽窄相济、曲直相间的园路系统能给人一种美观而生动的感觉，使居民与自然紧密融为一体，既能增加景观效果，又能极大地改善居住区的生态环境。

广场铺地在生态型居住区中是人们通过和逗留的场所，是人流集中的地方。在规划设计中，通过它的地坪高差、材质、颜色、肌理、图案的变化创造出富有魅力的路面和场地景观。目前，在居住区中的常用铺地材料有几种，如广场砖、石材、混凝土砌块、装饰混凝土、卵石、木材等。优秀的硬地铺装往往别具匠心，极具装饰美感。如某小区中的装饰混凝土广场中嵌入孩童脚印，具有强烈的方向感和趣味性。值得一提的是，现代园林中源于日本的"枯山水"手法，用石英砂、鹅卵石、块石等营造类似溪水的形象，颇具写意韵味，是一种较新的铺装手法。

3．园林小品的设计

生态型居住区的绿地景观小品包括凉亭、长廊、花架、雕塑等建筑小品，还包括供居民休息、装饰、照明、展示和为园林景观管理及方便居民之用的铺装路面、园灯、花钵、花窗、园椅、小桥、假山石景、报栏、公用电话亭、水池等很多小型建筑设施。但在进行生态型居住区绿地景观小品的规划时，应该遵循以下基本要求：立其意趣，根据生态型居住区的自然景观和人文风情，做出景点中小品的设计构思；合其体宜，选择合理的位置和布局，做到巧而得体、精而合宜；取其特色，充分反映园林景观小品的特色，把它巧妙地熔铸在园林造型之中；顺其自然，不破坏原有风貌，做到涉门成趣、得景随形；求其因借，通过对自然景物形象的取舍，使造型简练的小品获得景象丰满充实的效应；寻其对比，把两种有明显差异的素材巧妙地结合起来，相互烘托，显出双方的特点。

（三）居住区绿地生态规划设计程序

1．项目情况调查与分析

首先，要了解整个项目的概况，包括建设规模、投资规模、可持续发展等方面，特别要了解业主对这个项目的总体框架方向和基本实施内容；其次，要对基地进行现场踏勘，收集规划设计前必须掌握的所有原始资料。

2．研究相关资料

首先应整理、归纳基地现场收集的资料，再认真阅读业主提供的"设计任务书"，了解业主对建设项目的各方面要求（总体定位、内容、投资规模及设计周期等），并提出项目总体定位的构想，然后着手进行环境景观的方案设计。

3．树立亲环境的设计宗旨

规划设计时，设计师要树立亲环境的设计宗旨，使整个规划在功能上趋于合理，在构图形式上符合园林景观设计美观、舒适的基本原则，因地制宜，结合自然山水地形，加以合理规划设计，最终形成"虽为人作，宛自天开"的景观效果。

4. 采取分空间进行设计

居住区景观设计应充分利用原有地形、地貌来进行，根据气候特点的不同、居民生活习惯的不同、对户外活动要求的不同，形成功能分布合理的居住区绿化组团系统。一个居住小区的景观常分为入口活动区、中心活动区、亲子活动区等，不同的区域有不同的景观特点，如水景景观、绿地景观、园建小品等，设计时要寻求一种合理的景观动线将各园林景观融汇成一个整体，分空间进行设计时，要做到局部特色与整体效果的统一。在强调绿地本身的功能分区时，还应注意绿地的使用功能可能在一定时间内产生变化，或者使用功能还具有可变性及复杂性的特点。设计师在景观规划设计时，除了注重主要景观园林意境的提炼外，还要注重因时、因地的人文环境创造，注重观赏性与参与性在环境设计中的应用。

5. 提出维护、管理、运营计划

制定维护管理生态绿地配置设施原则，针对维护各项目，拟订维护人力及维护计划，探索公众参与绿化建设新路子，注重利用先进的科技知识进行管理。在绿化管理中，注重植物的绿化配置与养护管理相结合，着力体现人性化的服务。

三、居住区道路景观设计

（一）居住区道路规划布局原则

1. 居住区的道路规划布局应以整个居住区的交通组织状况为基础，在满足居民出行安全和通行顺畅的前提下，充分考虑其对整个居住区的空间景观、空间层次等的影响。

2. 居住区道路的布局应遵循分级布置的原则，使整个居住区的道路系统分级明显、构架清楚、通而不畅、顺而不穿，并与小区的空间层次相吻合。

3. 居住区道路布局结构应考虑城镇的路网格局形式，使其能很好地融入城镇整体的街道和空间结构中。

4. 居住区的道路布局应有利于向居住区引进夏季的主导风和屏蔽冬季的寒风，并与周围环境有机结合，为住宅组群的组织创造有利条件。

5. 居住区道路按功能可划分为车行道和人行道，在进行规划布局时，应将两者进行合理分流，尽量减少车辆对居住环境的干扰。

6. 居住区道路不仅要方便居民的出入和迁居，还要根据规范要求满足消防、救护的需要，使其达到方便性、安全性、一体性、通达性、多层次性的要求。

7. 居住区道路的规划布置还应有利于各项设施的合理安排，满足地下工程管线的埋设要求，并为住宅建筑和绿地的布置提供有利条件。

(二) 居住区道路的布局形式

1. 环通式

环通式的道路布局形式是目前大城市和小城镇都普遍运用的一种形式。这种布局形式在交通上采用人车混行的方式，方便出入交通，具有浓郁的生活气息。

2. 半环式

半环式的道路布局在交通上采用的是人车部分分流的组织形式，它可以组织一条相对完整的步行交通系统。例如，温州市永中镇某居住区采用的就是人车部分分行的道路交通系统，人车混行系统深入住宅组群内，分成二级布置，一级在住宅组群外，另一级在住宅组群内。在住宅组群内采用人车混行的交通方式，各组群的院落内为步行区，两个住宅组群之间和沿河地带设步行系统，沿线串有中心绿地、滨河绿地、老人俱乐部等。随着小城镇家庭汽车拥有率的提高，其原有的道路交通布局形式将会越来越不适应这种快速的发展，半环式的居住区道路布局形式将会越来越被城镇居民所接受。

3. 尽端式

尽端式的道路布局形式在交通上一般为人车分行的交通组织形式，这样可以组织一条完整的独立的步行交通体系。

4. 混合式

混合式的道路布局形式是根据具体情况，把环通式、半环式和尽端式进行有机组合。

四、居住区水景景观设计

(一) 居住区水景景观分类与设计要求

在居住区设置水景，不只是满足人们观赏的需要及视觉美的享受，还可以使人们在生理上、心理上产生宁静、舒适的感受。水景可调节环境小气候的湿度和温度，对生态环境的改善有着重要作用，尤其在南方地区，居住环境与自然地形相结合，利用河湖开辟水景，来增添地方特色。水景向来是园林造景中的点睛之笔，有着其他景观无法替代的动感、光晕和声响，所以，现代的居住区很多都采用人工的方法来修建水池、瀑布、喷泉或与山石结合的自然山水池，增加居住环境的景观层次，扩大空间，增添静中有动的乐趣。

1. 水景景观分类

居住区中的水景景观根据不同的使用功能与规模大小，可分为自然水景、庭院水景、泳池水景、装饰水景等。

（1）自然水景

居住区中的自然水景能体现出江、河、湖、溪的面貌特征。这类水景设计应服从原有的自然生态景观，反映出自然水景线与局部环境水体的空间关系。通过运用借景、对景等手法，充分利用自然条件，形成空间丰富、视线多样的纵向景观、横向景观和鸟瞰景观，融合居住区内部和外部的景观元素，创造出新的亲水居住形态。

（2）庭院水景

居住区的庭院水景通常以人工水景居多。根据庭院空间的不同，可以采取多种手法进行引水造景（如叠水、溪流、瀑布、涉水池等），也可利用场地中原有的自然水体景观，将其综合设计，使自然水景与人工水景融为一体。

（3）泳池水景

在居住区内设置的露天泳池不仅是锻炼身体和游乐的场所，也是邻里之间的重要交往场所。泳池水景以静为主，目的是营造一个让居住者在心理和生理上放松的环境，同时突出人的参与性特征（如游泳池、水上乐园、海滨浴场等），同时，泳池的造型和水面也极具观赏价值，能给人带来视觉享受。

（4）装饰水景

装饰水景能起到赏心悦目、烘托环境的作用。这种水景往往构成环境景观的中心。装饰水景是通过人工对水流的控制（如排列、疏密、粗细、高低、大小、时间差等）达到以上效果，并借助音乐和灯光的变化产生视觉上的冲击，进一步展示水体的活力和动态美，满足人的亲水要求。其形式主要包括喷泉、倒影池等。

2. 水景景观的设计要求

（1）适宜性

在设计居住区水景时应充分利用自然环境，保护和利用现有的地形、地貌、水体、绿化等自然生态条件，根据功能要求、空间布局，合理规划水体的走势、大小，协调水景与整个环境的关系，满足功能和美的双重要求。

（2）观赏性

人与水的视觉接触一般有两种形式：平视和俯视。平视是水面与人的水平视轴倾角大约在20°以内，有宁静之感；俯视是指人从高视位向低水面观看，从而可以感受到水的流线、走向，有神怡之感。通过充分利用声、光、建筑、自然生态（植物、动物和微生物）等媒介，水体能在居住区环境景观中营造出多种优美的视觉效果。

（3）亲水性

评价水体环境标准重要的一条，是看它是否能与人亲密接触。通过合理设计水体的深浅、水景的形式、池岸的高度等，可以让水体具备游乐性和参与性的特征，使人们在桥上、岸边、铺石上都能享受到亲水的乐趣。

（二）居住区水景的基本表现形式与综合规划

1. 居住区水景的基本表现形式

根据水体的形态特性，可以将水景景观划分为静水景观和动水景观两大类。静水景观给人以宁静、安详、柔和的感受；动水景观给人以激动、兴奋、欢愉的感受。

（1）静水景观

所谓静水就是水的运动变化比较平缓，一般表现为水平面比较平缓，没有大的高差变化。静水有着优美的倒影效果，容易令人产生诗意，有轻盈、幻象的视觉感受。在现代居住区水景设计中这种手法运用比较多，可以取得丰富环境的效果。如果是大面积的静水则容易显得空洞无物，松散无神，因此，水景设计要曲折丰富。

居住区静水景观一般呈现以下形态。

①倒影池

光与水的互相作用是水景景观的精华所在，倒影池就是利用光影在水面形成的倒影，扩大视觉空间、丰富景物的空间层次的水景方式。

倒影池极具装饰性，可做得精致有趣，在花草树木、小品岩石等物体前设置倒影池，可以利用这些物体的倒影产生视觉美感，无论水池大小都能产生特殊的借景效果。设计倒影池时，首先应当保证场地的平整和池水的平静状态，尽可能避免风的干扰；其次是池底铺装材料应以黑色或深色色调为主，以增强水的镜面效果。

规则式倒影池一般位于建筑物的前方或广场的中心，可以作为地面铺装的重要部分，并能成为景观视线轴上的重要节点。自然式倒影池是模仿自然环境中湖泊的造景手法，水体强调水际线的自然变化，有一种天然野趣的意味。自然式倒影池以泥土、植物或石块收边，能使不同的环境区域产生统一连续感，发挥静水的纽带组景作用。

②生态水池

生态水池是适于水下动植物生长，又能美化环境、调节小气候、供人观赏的水景。居住小区里的生态水池一般以饲养观赏鱼和种植水生植物为主，如鱼草、芦苇、荷花、莲花等营造动物和植物互生互养的生态环境。

生态水池的池岸应尽量蜿蜒，水池的深度应根据饲养鱼的种类、数量和水草在水下生存的深度而定，一般在 0.3～1.5m，为了防止陆上动物的侵扰，池边与水面须保证有 0.15m 左右的高差。水池壁与池底须平整，以免伤鱼。池壁与池底以深色为佳。不足 0.3m 的浅水池，池底可做艺术处理，如铺设鹅卵石、马赛克等，以显示水的清澈透明。若水池较深，在池底隔水层上应覆盖 0.3～0.5m 厚的土，以种植水草。

③涉水池

涉水池可分水面下涉水和水面上涉水两种。

水面下涉水主要用于儿童嬉水，其深度不得超过 0.3m，池底必须进行防滑处理，不能种植苔藻类植物；水面上涉水主要用于跨越水面，应设置安全可靠的踏步平台和踏步石，面积不小于 0.4m×0.4m，并满足连续跨越的要求。

④景观泳池

在居住区环境景观中，泳池有着双重功能，既能满足居民的健身要求，同时，在整体环境中又能成为观赏焦点，令人精神愉悦。泳池外观形式多种多样，可分为规则式与自然式，并装饰以喷泉、景观小品等，成为居住区环境景观中的一道风景。

泳池根据功能需要尽可能分为儿童泳池和成人泳池，儿童泳池深度以 0.6～0.9m 为宜，成人泳池以 1.2～2m 为宜。儿童池与成人池可统一设计，一般将儿童池放在较高位置，水经阶梯式或斜坡式跌水流入成人泳池，既能保证安全，又可丰富泳池的造型。池岸必须做圆角处理，铺设软质渗水地面或防滑地砖。泳池周围应多种灌木和乔木，并提供休息和遮阳设施，有条件的小区可设计更衣室，方便住户使用。

（2）动水景观

动水景观多用喷泉、溪流、瀑布和跌水等水形态构组空间。

①喷泉

喷泉是通过动力泵驱动水流，根据喷射的速度、方向、水花来造出不同形态。它既是立体的又是动态的，很引人注目。它可以是小型喷点，喷射速度不快，分布在角落里；也可以是成组的大型喷泉，位于中央，营造壮观的气势。

喷泉根据喷嘴构造、方向、水压的不同可以创造出喷雾状、钟形、柱形、弧线形等多种不同的造型。在居住区景观设计中，喷泉可以结合各种材料，如金属雕刻品、纤维玻璃制品、陶土制品等来设计，随着现代科技的发展，用电脑控制水、光、音、色，使喷泉艺术效果更加富有特色。

②溪流

溪流是自然界河流的艺术再现，是一种连续的带状动态水景。溪流面阔，水流柔和随意，轻松愉快；溪流面窄，则水流湍急，动感活泼。溪流设计应讲求师法自然，尽可能追求蜿蜒曲折和缓陡交错，溪流的形态应根据环境条件、水量、流速、水深、水面宽和所用材料进行合理设计。设计中可通过水面宽窄对比，形成不同景观和意境的交替，形成忽开忽合、时放时收的节奏变化。

溪流在设计中常用汀步、小桥、滩地和山石加以点缀，溪水中的散点石能够创造不同的水流形态，从而形成不同的水姿、水色和水声。溪流水岸宜采用散石和块石，并与水生或湿地植物的配置相结合，减少人工造景的痕迹。

溪流的坡度应根据地理条件及排水要求而定。普通溪流的坡度宜为0.5%，急流处为3%左右，缓流处不超过1%。溪流宽度宜在1～2m，水深一般为0.3～1m，当水深超过0.4m时，应当在溪流边采取防护措施，如石栏、木栏、矮墙、植物等。

③瀑布和跌水

瀑布是自然界中常见的水景形式，水体从一个高度近乎垂直地降落到另一个高度，除了水体坠落时产生的自由和连贯带给人们的视觉享受外，还有水声所带来的听觉和心灵的享受。瀑布可以结合山石或植物进行精心布置，形成"虽由人作，宛自天开"的自然景象，居住区水景设计中的人工瀑布虽不如大自然的瀑布那样壮丽而有气势，但正因为其小，才使其更具有平易近人的亲和感和活泼轻盈的柔美效果。

瀑布一般由背景、水源、落水口、瀑身、承水潭和溪流六部分组成。瀑身是景观的主体，落水到承水潭后接溪流而出。瀑布按其跌落形式可分为很多种，较为常用的有滑落式、阶梯式、幕布式、丝带式。滑落式瀑布，为单幅瀑面，瀑身跌落角度较缓，给人以幽静清新的感觉；阶梯式瀑布，分为多级跌落，每级高差均等或不同，通过高差跌落带给人们以美妙的视听享受；幕布式瀑布则呈单幅瀑面跌落，瀑面较宽，跌落高差较大，给人以恢宏大气之感；丝带式瀑布一般不形成完整瀑面，而是由多幅涓涓细流组成，时断时续，带来一丝恬静的氛围。

瀑布因其水量不同，会产生不同的视觉和听觉效果，因此，落水口的水流量和落水高差的控制成为设计的关键参数，居住区内的人工瀑布落差以1m左右为宜。堰顶为保证水流均匀，应有一定的水深和水面宽度，一般宽度不小于0.5m，深度在0.35～0.6m为宜，下部潭宽至少为瀑布高度的三分之二，且不小于1m，以防止水花溅出。

跌水可理解为多级跌落瀑布，一般将落差较小且逐级跌落的动态水景称为跌水。由于其逐级跌落的方式，不仅有视觉的引导感，还能营造较强的韵律感，相对于瀑布而言，跌水的落差、水量和流速均不大，具有较广泛的适应性，也具有亲和力。

2. 居住区水景的综合规划

在以水景为主题的居住区景观开发中，水系贯穿于区内各空间环境，可看作是由点、线、面形态的水系相互关联与循环形成的结构系统。水体与绿化交相呼应，共同建立居住区的生态景观系统。其中大块面的水体充当着景观的基底；线状的水体作为系带，联系各绿化与水景空间，建立景观秩序；点状的水体是相对线、面的尺度而言的，主要起到装饰、点缀的作用。

（1）面基底衬托的作用

块面的水是指规模较大、在环境中能起到一定控制作用的水面，它常常会成为居住环境的景观中心。大的水面空间开阔，以静态水为主，在居住区景观中起着重要的基底衬托作用，映衬临水建筑与植物景观等，错落有致，创造出深远的意境。在设计中，大的水面多设于小区的景观中心区域或作为整个小区环境的基底，围绕水面应适当布置亲水观景的设施，水中可养殖一些水生生物，有时为了突出水体的清澈，可在浅水区底面铺装鹅卵石或拼装彩色石块图案。

（2）线系带关联作用

线状的水是指较细长的水面，在小区景观中主要起到联系与划分空间的作用。在设计时，线状水面一般都采用流水的形式，蜿蜒曲折、时隐时现、时宽时窄，将各个景观环节串联起来。其水面形态有直线形、曲线形以及不规则形等，以枝状结构分布在小区内，与周围环境紧密结合，是划分空间的有效手段。此外，线形水面一般设计得较浅，可供孩子们嬉戏游玩。

（3）点的点缀作用

点状的水是指一些小规模的水池或水面，以及小型喷泉、小型瀑布等，在小区景观中主要起到装饰水景的作用。由于比较小，布置灵活，点状的水可以布置于小区内的任何地点，并常常用作水景系统的起始点、中间节点与终结点，起到提示与烘托环境氛围的效用。

总的来说，在小区水景结构系统中，点水画龙点睛、线水蜿蜒曲折、池水浩瀚深远，各种不同形态的水系烘托出截然不同的环境感受。设计时，可通过块面、线状的水系并联与串联多个住宅组团，形成景观系统的骨架，也可作为小区形态规划结构的重要组成部分；同时，对于水景各体系的组织应遵循一定的逻辑，做到有开有合、有始有终、收放得宜，以多变的雨态促成丰富的水体空间形态。

（三）水景景观的设施设计

1. 景观桥

桥在自然水景和人工水景中都起着不可缺少的景观作用，其功能主要有：形成交通跨越点；横向分割河流和水面空间；形成地区标志物和视线集合点；成为眺望河流和水面的良好观景场所。

景观桥分为钢制桥、混凝土桥、拱桥、原木桥、锯材木桥、仿木桥、吊桥等。居住区一般以木桥、仿木桥和石拱桥为主，体量不宜过大，应追求自然简洁。

景观桥的形式和材料多种多样，扶手和栏杆的形式也丰富多彩，设计时要结合具体使用功能以及周边环境，同时考虑材料及色彩的影响，使其起到美化景观空间的画龙点睛作用。

2. 木栈道

临水木栈道为人们提供了行走、休息、观景和交流的多重功能。由于木板材料具有一定的弹性和粗朴的质感，因此，行走其上比一般石铺砖砌的栈道更为舒适，多用于要求较高的居住环境中。木栈道由表面平铺的面板（或密集排列的木条）和木方架空层两部分组成。木面板常用桉木、柚木、冷杉木、松木等木材，其厚度要根据下部木架空层的支持点间距而定，一般为 $30\sim50mm$ 厚，板宽一般在 $100\sim200mm$，板与板之间宜留出 $3\sim5mm$ 宽的缝隙。不应采用企口拼缝方式。面板不应直接铺在地面上，下部至少要有 $20mm$ 的架空层，以避免雨水的浸泡，保持木材底部干燥通风，设在水面上的架空层中木方的断面选用要经过计算后确定。

木栈道所用木料必须进行严格的防腐和干燥处理。为了保持木质的本色和增强耐久性，用材在使用前应浸泡在透明的防腐液中 $6\sim15$ 天，然后进行烘干或自然干燥，使含水量不大于 8%，以确保其在长期使用中不产生变形。个别庭院由于条件所限，也可采用涂刷桐油和防腐剂的方式进行防腐处理。连接、固定木板和木方的金属配件，如螺栓、支架等，应采用不锈钢或镀锌材料制作。

3. 建筑小品

在水池区域设置构架廊、凉亭等建筑小品可以提供遮阳的休憩场所。建筑小品的形式和材质应与整个景观风格一致，热带水池中常在池边甚至水中设置"水吧"，以增强休闲情趣。建筑小品的位置除考虑池边区域的功能需要外，还应照顾到周边建筑与景观的空间需求。

4. 喷水雕塑

在欧式古典风格的小区景观中，经常运用欧式经典的雕塑及喷水营造水池水体的声音及动感。尤其在儿童戏水池区域，各类海洋生物的喷水雕塑更能强化主体风格，并能增加水池空间的声光效果，吸引儿童，增添其玩水的兴致。

5. 驳岸

驳岸是水景景观中应重点处理的部位。驳岸的设计应根据水体、水态及水量的具体情况而定：较为大型的水面，驳岸一般比较简洁、开阔；而较小的水池驳岸则要求布置精细，与各种水生及岸边植物花草、石块等相结合，形成精巧雅致的景观。驳岸与环境能否相协调，不但取决于驳岸与水面间的高差关系，还取决于驳岸的类型及用材。驳岸类型可以分为普通驳岸、缓坡驳岸、阶梯驳岸等。

在居住区中，驳岸的形式可以分为规则式和不规则式。对居住区而言，无论水景规模大小，是规则几何式驳岸还是不规则的驳岸，驳岸的高度和水的深浅设计都应满足人的亲水性要求，使驳岸尽可能贴近水面，以人手能触摸到水为最佳，营造一个宜人的亲水空间。一般无护栏的水体在近岸 2m 范围内，水深不应大于 0.5m，同时岸边的平台、汀步或石块应尽可能满足人的落座需求，以便人们在亲水、近水的同时能够坐下来休息观景。居住区水景驳岸应尽可能采取不规则式，因其较为自由，高低起伏不受限制，更能满足人们回归自然的心理需求，景观空间也会因此更富自然情趣。

参考文献

[1] 王开德，李耀国，王溪. 环境保护与生态建设 ［M］. 长春：吉林人民出版社，2022.

[2] 殷丽萍，张东飞，范志强. 环境监测和环境保护 ［M］. 长春：吉林人民出版社，2022.

[3] 李向东. 环境监测与生态环境保护 ［M］. 北京：北京工业大学出版社，2022.

[4] 蔡静. 生态环境保护的公益诉讼制度研究 ［M］. 太原：山西经济出版社，2022.

[5] 李偶. 大学生众创空间环境设计研究 ［M］. 广州：华南理工大学出版社，2022.

[6] 陈艳云. 环境艺术设计理论与应用 ［M］. 昆明：云南美术出版社，2022.

[7] 郑媛元. 环境艺术与生态景观设计研究 ［M］. 北京：中国纺织出版社，2022.

[8] 刘丰溢. 生态视角下环境艺术设计的可持续发展研究 ［M］. 北京：中国纺织出版社，2022.

[9] 董艳. 环境艺术设计的基本理论与实践创新研究 ［M］. 北京：中国纺织出版社，2022.

[10] 曾庆东. 室内环境艺术创意设计 ［M］. 昆明：云南美术出版社，2022.

[11] 张娜娜，张一帆. 环境心理学视域下的现代室内艺术设计 ［M］. 南京：江苏凤凰美术出版社，2022.

[12] 万依依. 环境心理学视角下的室内居住空间设计 ［M］. 昆明：云南美术出版社，2022.

[13] 罗敏. 生态文明与环境保护 ［M］. 上海：上海科学技术文献出版社，2021.

[14] 高标，唐恩勇，李思靓. 生态文明建设与环境保护 ［M］. 北京：台海出版社，2021.

[15] 谷晓丹. 基于可供性理论的环境设计方法论 ［M］. 沈阳：东北大学出版社，2021.

[16] 马骅龙，付丽娜. 生态学视角下的环境设计探索 ［M］. 长春：吉林文史出版社，2021.

[17] 张晓峰. 环境设计中的室内设计优化研究 ［M］. 北京：中国纺织出版社，2021.

[18] 范蓓. 环境艺术设计原理 ［M］. 武汉：华中科技大学出版社，2021.

[19] 飞新花. 环境艺术设计理论与应用研究 ［M］. 长春：吉林大学出版社，2021.

［20］邵新然. 环境艺术设计基础与实践研究［M］. 北京：中国纺织出版社，2021.

［21］刘庭风. 环境健康设计理论与实践［M］. 北京：中国建材工业出版社，2021.

［22］薛文凯. 公共环境设施设计［M］. 沈阳：辽宁美术出版社，2020.

［23］王东辉. 环境艺术设计手绘表现技法［M］. 沈阳：辽宁美术出版社，2020.

［24］陈媛媛. 环境艺术设计原理与技法研究［M］. 长春：吉林美术出版社，2020.

［25］汪梅，汪颖. 环境装饰设计［M］. 合肥：安徽美术出版社，2020.

［26］刘晓晓. 室内环境艺术创意设计趋势研究［M］. 长春：吉林人民出版社，2020.

［27］黄茜，蔡莎莎，肖攀峰. 现代环境设计与美学表现［M］. 延吉：延边大学出版社，2019.

［28］李季. 环境设计心理学研究［M］. 延吉：延边大学出版社，2019.

［29］朱安妮. 传统文脉与现代环境设计［M］. 北京：中国纺织出版社，2019.

［30］陈罡. 城市环境设计与数字城市建设［M］. 南昌：江西美术出版社，2019.

［31］瞿燕花. 环境设计实践创新应用研究［M］. 青岛：中国海洋大学出版社，2019.

［32］王霖. 不同视角下的环境设计研究［M］. 长春：吉林人民出版社，2019.

［33］吴相凯. 基于绿色可持续的室内环境设计研究［M］. 成都：电子科技大学出版社，2019.

［34］刘巍，赵肖，肖勇. 环境景观规划设计［M］. 北京：北京理工大学出版社，2019.

［35］姜靓，林家阳. 环境视觉设计［M］. 杭州：中国美术学院出版社，2019.

［36］管沄嘉. 环境空间设计［M］. 沈阳：辽宁美术出版社，2019.

［37］张兴春. 环境景观设计［M］. 合肥：合肥工业大学出版社，2019.